核辐射数字测量技术

霍勇刚　许鹏　黎素芬　蔡幸福　著

国防工業出版社

·北京·

内 容 简 介

本书首先介绍了核辐射信号中包含的核信息、核辐射测量系统的发展历史与现状等基础知识；然后重点介绍了核辐射数字化测量原理及系统结构、核辐射脉冲数据的采集、脉冲数据的预处理、核辐射测量与分析的实现及数字测量应用；最后对核辐射数字测量技术的前景进行了展望。

本书可作为核辐射测量相关专业的研究生教材，也可作为核物理、放射性测量等相关专业学生的学习和参考用书，同时可供从事相关科研、生产、应用的工程技术人员阅读。

图书在版编目(CIP)数据

核辐射数字测量技术/霍勇刚等著．—北京：国防工业出版社，2021.9

ISBN 978-7-118-12350-0

Ⅰ．①核…　Ⅱ．①霍…　Ⅲ．①辐射度测量-数字测量法　Ⅳ．①TL81

中国版本图书馆 CIP 数据核字(2021)第 179435 号

※

国防工业出版社出版发行

(北京市海淀区紫竹院南路 23 号　邮政编码 100048)

三河市德鑫印刷有限公司印刷

新华书店经售

*

开本 710×1000　1/16　**印张** 11½　**字数** 202 千字

2021 年 9 月第 1 版第 1 次印刷　**印数** 1—2000 册　**定价** 56.00 元

国防书店：(010)88540777　书店传真：(010)88540776

发行业务：(010)88540717　发行传真：(010)88540762

前 言

对核辐射测量的研究从核辐射被发现到现在已经历经了一百多年的历史，核辐射探测的测量对象主要是α射线、β射线、γ射线及中子。常用的测量方法是利用核辐射探测器，采用由各种核电子仪器组成的装置和系统，获取并处理探测器输出的电信号，并对测量结果做出分析和记录。从本质上讲，探测器是一种能量转换器，它可将辐射（粒子束）的能量通过与工作介质的相互作用（如产生光子或电子等）转化为电信号，再由电子学仪器记录和分析。通常的核探测器主要包括气体探测器（利用射线或粒子束在气体介质中的电离效应进行探测）、闪烁体探测器（利用射线或粒子束在闪烁体中的发光效应进行探测）及半导体探测器（利用射线或粒子束在半导体介质中产生的电子空穴对在电场中的漂移进行探测）。

由于目前没有对任何射线都能够产生响应的全能核辐射探测器，所以对不同类型射线的探测需要配备不同种类的探测器，并采用相应的核电子学仪器与设备，这使得核辐射测量仪器不仅测试任务单一、种类繁多、硬件规模庞大，而且互换性差、数据共享性差，既不便于使用与维护，也不利于测量的智能化。

随着虚拟仪器技术和数字信号处理技术的发展，核辐射数字测量技术可实现辐射测量仪器的集成化、便携化，使之适用于不同类型的探测器，实现多任务测量和数据共享。

本书是作者在研制开发核辐射数字化探测系统的基础上修改、完善而成的。共分为七章，书中重点阐述核辐射信号离散化采样和后续数据处理与信息分析等关键技术；论述了核辐射数字测量与分析方法的建立，并在此基础上搭建了核辐射数字测量与分析平台，结合具体的测量实验介绍了数字测量与分析方法在能谱分析、不同类型辐射并行测量以及符合测量分析等方面的应用。

由于作者水平有限，书中难免有不少缺点和错误，恳请读者不吝指教。

作者

2021.1

目　录

第一章　核辐射事件与核信息

随着核科学技术的发展,无论是对原子核内部特征规律的研究,还是对核技术本身的应用,都需要对核辐射与原子核所携带的信息进行测量和分析。尤其是在现代核科学技术研究中,核信号测量毫无疑问扮演着举足轻重的作用。从核辐射探测器输出的脉冲信号携带着粒子的动量、能量、质量、时间和空间等信息,这些信息在探测器输出的信号表现为一系列幅度大小不一、波形样式不同、出现时间随机分布的电荷或电流脉冲(由入射粒子的性质及探测器的响应特性决定)。通常,人们采用各种核辐射探测器来探测核辐射事件,并把它转换成电信号,进而用电子学方法处理和研究这些信号,以便尽可能不失真地提取和保存探测器输出信号所携带的信息,进而从输出核信号的幅度分布、时间关系、径迹图像等给出相应的能量、电荷量、质量、时间和空间等特性信息,且要求测量精度不断提高,测量速度越来越快。

第一节　核辐射事件类别

核辐射事件通常是指由于核素不稳定,产生的自发出射各种放射性射线的现象。通常把衰变前的原子核称为母体,衰变后生成的原子核称为子体,如子体核仍是放射性的,仍可发生衰变,则依次称各代子体为第 1 代、第 2 代、……、第 n 代子体。

图 1.1 上用黑色的点表示的稳定核素形成了一条窄带,在这条稳定带两侧,中子数或质子数过多或过少的核素都是不稳定核素,不稳定核素会自发地蜕变,变为另一种核素,同时放出各种射线,这种现象称为放射性衰变。放射性衰变主要有α衰变、β衰变与γ衰变三种。

(1) α衰变。原子核自发地发射出α粒子而发生的转变,通式为

$$ {}_{Z}^{A}X \rightarrow {}_{Z-2}^{A-4}Y + {}_{2}^{4}He $$

(2) β衰变。β衰变又分以下 3 种。

① β^- 衰变:放出电子,同时放出反中微子,即

$$ {}_{Z}^{A}X \rightarrow {}_{Z+1}^{A}Y + e^- + \bar{\nu}。 $$

式中:e^-表示负电子;$\bar{\nu}_e$表示反中微子。

$$^3H \xrightarrow{12.3a} {}^3He + e^- + \bar{\nu}_e$$

中子也通过β^-衰变转变成质子,即

$$n \xrightarrow{10.6m} p + e^- + \bar{\nu}_e$$

箭头上方标出的是表示衰变快慢的时间,称半衰期。

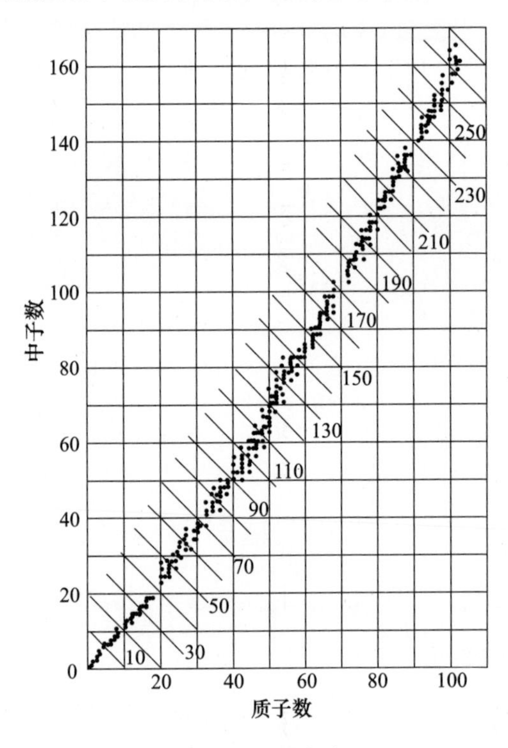

图 1.1　β稳定线

② β^+衰变:放出正电子,同时放出中微子,即

$$^A_ZX \to {}^A_{Z-1}Y + e^+ + \nu_e$$

式中:e^+表示正电子;ν_e表示中微子。中微子与反中微子符号中的右下标 e 表示它们是伴随电子产生的。

③ 轨道电子俘获:原子核俘获一个核外电子,即

$$^A_ZX + e_i^- \to {}^A_{Z-1}Y + \nu_e$$

式中:e_i^- 的右下标 i 表示 i 壳层电子。

天然放射性核素的β衰变主要是β^-衰变。另外要注意到的是,原子核β衰

变时放出的正、负电子不是核内所固有的，而是由质子与中子相互转变产生的。

（3）γ衰变（γ跃迁）。γ衰变是指原子核从激发态通过发射γ光子跃迁到较低能态的过程。在γ跃迁中原子核的质量数和电荷数不变，只是能量状态发生变化。

除以上三种主要衰变形式外，还有自发裂变、缓发质子、缓发中子等衰变形式。

原子核放射性衰变的重要规律是放射性原子核的数目随时间按指数规律减少。如初始时刻 $t=0$ 有放射性核 N_0 个，在 t 时刻成为 N 个，则

$$N = N_0 e^{-\lambda \cdot t}$$

式中：λ 是常数，称为衰变常数。衰变常数的物理意义是：单位时间内原子核衰变的概率，单位是 s^{-1}。放射性原子核的数目减少到原来的一半所需要的时间称为半衰期，记为 $T_{1/2}$。半衰期直接与衰变常数相联系，即

$$T_{1/2} = \frac{0.693}{\lambda}$$

例如，铀－235 的半衰期为 7.038×10^8 年，铀－238 的半衰期为 4.468×10^9 年，钚－239 的半衰期为 2.41×10^4 年，均为α放射性。氚的半衰期为 12.3 年（β^- 衰变）。

在进行常规核辐射探测的过程中所探测到的核信息大都来自α、β、γ和中子衰变，通过对这些射线与探测器相互作用产生的核信号的分析，能得出相关的核信息。

第二节　核辐射测量系统输出信号的数学描述及分类

各类核辐射探测器通过后接输出电路，将测量到的核辐射信号转换成具有一定形状的波形。当信号延迟时间与输出电路时间常数相比小得多时，可以认为核辐射探测器信号主要以脉冲形式出现，探测到的单个或一群粒子转化成单个或一系列的电脉冲，当电荷收集时间较短时，可认为是一种持续时间极短的电流冲击脉冲。如果在 t 到 $t+\Delta\tau$ 时间内收集电荷量为 Q，则单个电流冲击脉冲可以表示为

$$i(t) = \lim_{\Delta\tau \to 0} Q/\Delta\tau \tag{1.1}$$

探测器等效电路及输出信号如图 1.2 所示，电流脉冲所包的总面积就是总收集电荷量 Q。

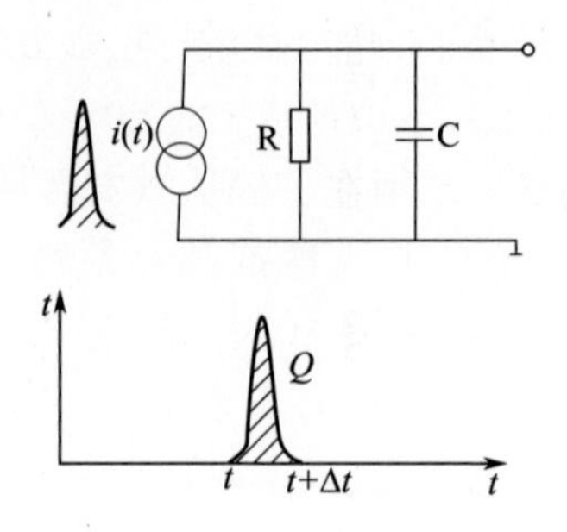

图 1.2　核探测器等效电路及输出信号

在数学上,引入单位冲击函数:

$$\delta(t-t_0)\begin{cases}\lim\limits_{\Delta\tau\to 0}\dfrac{1}{\Delta\tau} & t_0\leqslant t\leqslant t_0+\Delta\tau\\ 0 & t<t_0,t>t_0+\Delta\tau\end{cases}$$

电流冲击脉冲可用冲击函数表示为

$$i(t)=Q\cdot\delta(t-t_0) \tag{1.2}$$

式(1.2)表示电荷量为 Q,出现时间为 t_0的电流脉冲。实际上核探测器测量的不是一个而是一大群粒子。由于核辐射的随机性,表现于信号出现的时间和幅度大小的随机性,即转化后的电信号可以是时间上任意分布,幅度上统计涨落的随机脉冲。这样,大量随机分布的冲击序列可用数学式表示为

$$I(t)=\sum_i i_i(t)=\sum_i Q_i\cdot\delta(t-t_i) \tag{1.3}$$

式中:Q_i为在时刻 t_i发生的第 i 个冲击电荷量,这里 Q_i和 t_i都是随机分布的,如图 1.3所示。

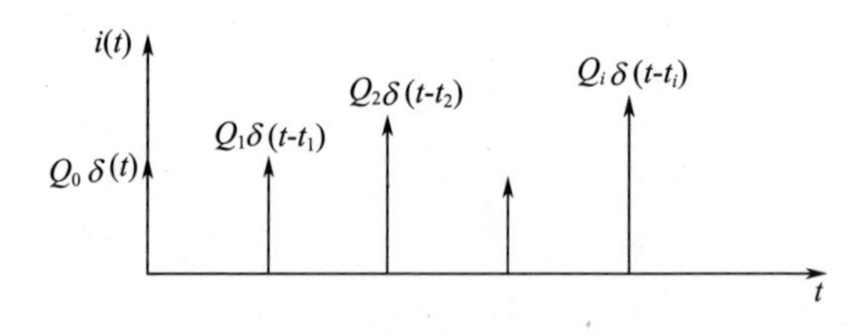

图 1.3　冲激函数和冲击脉冲序列

核信号的统计性决定了处理问题的特殊性。作为核电子学电路的输入信号,上述表达式为后级电路对信号的处理和研究提供了数学模型。

核信号按是否带电可分为两大类,即电信号和非带电信号。电信号按测量粒子种类可分为快电子和重带电粒子,按探测器信号成型可分为脉冲式和电流

式。其中,脉冲式常用于核素甄别和能谱测量,电流式常用于剂量监测,这类信号一般是低能物理信号。基于本单位研究方向和后期信号处理,研究的信号都是低能物理电信号的测量,能量范围在 10eV ~ 20MeV。

第三节 核信号的特点和统计误差

核信号是由前端探测器和后端电子学系统处理后给出的,前端的核辐射探测器种类繁多,按给出信息的方式来分类,可分为电信号和非电信号两大类(少数探测器两者兼有)。但是,广泛应用的是给出电信号的核探测器,这类探测器通常也是低能探测器,因为它能进一步放大、处理、记录和分析,便于做各种大量的、快速的、综合的研究,使用也最普遍。非带电信号有直接显示粒子径迹的信息,如核乳胶、云室、固体径迹等,还有一些用于显示位置的,如专用闪烁照相机、火花室等,这些常用于高能物理信号测量。低能核物理信号测量最常用的有气体探测器、闪烁计数器和半导体探测器。除此以外的探测器还有很多种,常用的包括径迹探测器、切伦科夫计数器、多丝正比室及热释光剂量探测元件等。其中径迹探测器包括核乳胶、固体径迹探测器、云雾室、气泡室、火花室等。它们都是直接记录粒子的径迹图像,根据径迹的粗细、稀密、长度、径迹弯曲程度和径迹的数量分布等获得粒子的各种信息。这些探测器大多用于高能物理实验,但部分探测器对低能放射性粒子的探测也很重要,其发展是值得注意的。例如,云室是最早发展的一种径迹探测器。1897 年,英国物理学家威尔逊在研究过饱和蒸汽凝结液滴的过程中,发现了离子能成为液滴的冷凝中心。在具备一定的条件时,蒸汽能围绕冷凝中心凝结并增长到可见的大小。1904 年,威尔逊成功地制成了膨胀式云室,后来人们称它为威尔逊云室。与威尔逊云室原理一样的还有扩散云室,都是在云室内设法使某种蒸汽处于过饱和状态,当有带电粒子进入,即形成可见的径迹,差别只是得到过饱和蒸汽的方法不同。云室在早期核物理和基本粒子物理发展过程中起了重要作用,如正电子、μ 子等是在云室中首先发现的。现今由于核乳胶、气泡室以及径迹探测器的发展,云室除了在宇宙线研究中还使用外,基本不使用。

目前常用的有气体探测器、半导体探测器和闪烁探测器,它们接收核辐射后输出电信号。由于不同探测器输出信号各有特点,要求相应的电子学线路与之配套。

反映核信息的辐射信号与普通信号相比主要具有以下几个方面特点:

(1) 处理信号的对象是随机电脉冲信号(脉冲宽度从微秒到纳秒量级,脉冲平均计数率可达 10^9 个/s)。

（2）处理的脉冲信号在时间上和幅度上是随机变化的。

（3）测量精度高。时间上分辨宽度达纳秒量级，目前最高可达 100ps 水平。幅度测量的分辨率达到千分之一，空间分辨能达到 10μm 量级。

（4）信息量大。在某些大型核物理和粒子物理实验中，探测系统十分巨大，由成千上万个探测单元组成。一个事件的信息量高达 $10^5 \sim 10^8$ B，在这样的实验中电子学系统十分复杂和庞大。从以上特点可以看出，近代物理电子学线路所处理的是宽带随机信号，因而在电路结构及指标上有其自身的特点（极限指标）。

在放射性测量中，即使所有实验条件都是稳定的，如源的放射性活度、源的位置、源与探测器间的距离、探测器的工作电压等都保持不变，在相同时间内对同一对象进行多次测量，每次测到的计数并不完全相同，而是围绕某个平均值上下涨落，这种现象称为放射性计数的统计涨落。这种涨落不是由观测者的主观因素（如观测不准确）造成的，也不是由测量条件变化引起的，而是微观粒子运动过程中的一种规律性现象，是放射性原子核衰变的随机性引起的。在放射性核衰变中，N 个原子核在某个时间间隔内衰变的数目 n 是不确定的，这就引起了放射性测量中计数的涨落，它服从统计分布规律。另外，原子核衰变发出的粒子能否被探测器所接收并引起计数，也有统计涨落问题，即探测效率的随机性问题。

根据原子核物理知识知道一个放射性原子核经过时间 t 后未发生衰变的概率为 $e^{-\lambda t}$，那么对于 $t=0$ 时刻的 N_0 个原子核，在经过时间 t 后未发生衰变的原子核数目为

$$N = N_0 e^{-\lambda t}$$

这就是我们熟知的放射性原子核衰变规律，其中 λ 表示衰变概率大小的衰变常数。

上面的衰变规律只是从平均的观点来看大量的原子核衰变时所服从的规律，从数理统计学来看，放射性衰变这样的随机事件服从一定的统计分布规律。放射性核衰变服从三种最基本的分布规律，即二项式分布、泊松分布和高斯分布。其中，二项式分布是最基本的统计分布规律，它广泛地适用于许多随机过程。二项式分布有两个独立的参数 N_0 和 P，对于放射性核衰变来说，N_0 极大，在这种情况下，计算非常复杂，可以将二项式分布简化为泊松分布或高斯分布。原子核发生衰变后，只有被探测器接收并能引起计数的事件才为人们所感知。但是，一方面并不是所有的核衰变事件都能进入探测器中，另一方面每个进入到探测器中的粒子可能被记录下来，也可能不被记录下来，即粒子的探测也是一个随机过程。

由于放射性核衰变具有统计分布，测量过程中射线与物质相互作用的过程也具有随机性，因此在某个时间内对样品进行测量得到的计数值可以看成是一个随机变量，它的各次测量值总是围绕着其平均值上下涨落。从理论上讲，希望得到的是计数值的数学期望值 $m = M\varepsilon$，它是无限多次测量计数的平均值，称为真平均值，但实际上在实验中不可能对某一计数作无限次测量，只能进行有限次甚至一次测量。一次测量或有限次测量值的平均值都不是真平均值，它们只能在某种程度上作为真平均值的近似值，这样就给结果带来了误差。这种误差是由放射性核衰变和射线与物质相互作用的统计性引起的，称为统计误差。从数理统计抽样的观点来看，就是要用有限样本的数值来估计总体的数学期望，这只能得到一个估值，一定会有误差产生。在一般的非放射性物理量的测量中，还存在偶然误差。偶然误差是由于测量时受到各种因素的影响所造成的，而统计误差是由于被测物理量本身有涨落造成的，与测量过程无关。这两种测量值服从的分布是相同的，都服从正态分布，因而在表示与计算方法上是很相似的。不同之处在于，放射性计数值的统计误差与计数值本身有联系，表现在其方差与计数的期望值相等，因而它的确定更为简便，而偶然误差则不具有这样的性质。

第四节　核信号包含的信息

一、电流信息

核仪器根据产生的核信号不同可分为电流式和脉冲式两种，其中电流式是探测器产生的输出信号为直流电流的一种工作方式。探测器输出的平均电流可以反映核辐射的平均剂量，所以用于辐射剂量测定的探测器常以电流方式工作。在实际工作中，常用电离室、计数管、闪烁计数器、半导体探测器等测量 X、γ 射线的照射量或吸收剂量，而最为常见的是电离室。

下面以电离室为例介绍测量照射量或吸收剂量的原理。

对电离室而言，当把电离室引入到测量物质中进行测量时，它就在测量物质中构成一个气体空腔。在射线作用下，在空腔单位体积气体中所产生的电离量与单位体积的周围物质中所吸收的辐射能量是有关的，通过收集空腔中的电离电量就可知道空腔周围物质所吸收的能量。

布拉格—格雷通过对电离室测量过程的分析，在提出如下四项假设后，建立了著名的空腔电离理论。设想在物质中有一个充有气体的小空腔，在 γ 射线照射下，γ 射线与物质相互作用产生次级电子。次级电子穿过空腔时便在空腔中产生电离。这电离可以是γ射线在空腔气体中打出的次级电子所产生，也可以是在室壁材料中打出的次级电子所产生。前者称“气体作用”产生的，后者称“室壁作用”产生的。现假定：①空腔尺寸很小，远小于次级电子的最大射程；②γ射线在空腔中所产生的次级电子的电离，即“气体作用”，可以忽略；③空腔中次级电子的注量、能谱分布和周围室壁材料中的相同；④空腔周围邻近物质中，γ射线的照射是均匀的，即在所考虑各点γ射线的注量率没有减弱，也意味着各点次级电子注量率和能谱相同；⑤次级电子在空腔中是以电离形式连续地损失能量。在以上假设条件下，布拉格—格雷空腔电离理论可以用下式表述：

$$E_{M}=S_{\gamma}\cdot J\cdot\overline{W}\quad 或\quad E_{Mm}=S_{\gamma m}\cdot J_{m}\cdot\overline{W} \tag{1.4}$$

式中：J 为空腔单位体积气体中产生的离子对数；$\overline{W}$ 为空腔内气体的平均电离能；S_{γ} 为空腔室壁材料（用 M 表示）和空腔气体（用 A 表示）的线碰撞阻止本领之比；E_{M} 为单位体积的空腔室壁材料所吸收的能量；下标 m 则表示单位体积的量转换为单位质量的量，如 E_{Mm} 是单位质量的空腔室壁材料所吸收的能量，J_{m} 是空腔单位质量气体中产生的离子对数，$S_{\gamma m}$ 是空腔室壁材料和空腔气体的质量碰撞阻止本领之比。

式(1.4)称为布拉格—格雷电离(Bragg - Gray)关系式，是照射量和剂量测量中的一个基本关系式。γ射线照射量和吸收剂量主要是利用这一关系式建立的空腔电离室来进行测量的。这一关系在β射线和中子测量中也会用到。然而，在利用式(1.4)精确确定吸收能量和电离量的关系时，必须准确知道室壁材料和空腔气体对电子的阻止本领。它的数值与电子谱有关。由于电子谱的复杂性，阻止本领的计算也是复杂的，且不易得到准确数值。这又限制了空腔电离室在绝对测量方面的应用，要在事先标定后才能用来测量。但是在不少场合，它仍然作为剂量绝对测量的一种基准仪器。

二、脉冲信息

在近代物理电子学测量系统所处理的信号中，绝大多数是脉冲信号。通常，描述一个脉冲信号的参数包括幅度、宽度、上升时间、上冲、顶部降落、下降时间和下冲等。在讨论之前，我们结合图1.4(a)先定义几个常用参数。

(1) 脉冲幅度 V_{m}，定义为脉冲顶部倾斜线的延伸线与前沿的上升线的交点。

(2) 上升时间 t_{r}，定义为脉冲前沿由 $0.1V_{m}$ 上升到 $0.9V_{m}$ 所需的时间，表示脉冲电压上升的快慢程度。

(3) 下降时间 t_{f}，定义为脉冲后沿由 $0.9V_{m}$ 下降到 $0.1V_{m}$ 所需的时间，表示脉冲电压下降的快慢程度。

(4) 脉冲宽度 δ,定义为脉冲信号的前后沿幅度在 $0.5V_m$ 处的时间间隔(也可定义为脉冲信号的前后沿幅度在 $0.1V_m$ 处的时间间隔)。

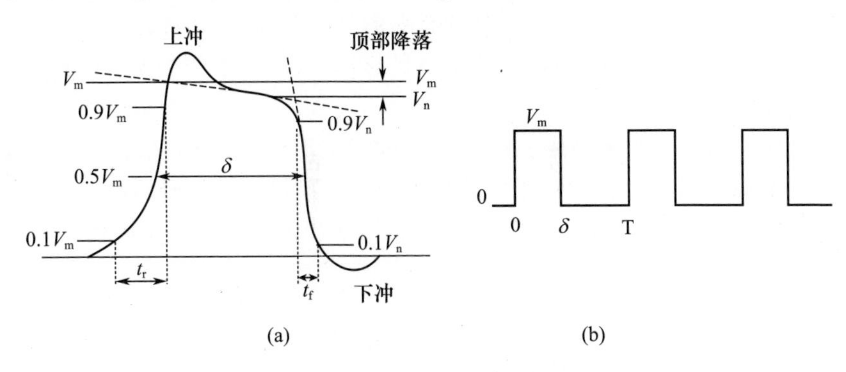

图 1.4 脉冲信号的参数描述

其他参数如图 1.4(a)中所示。当一个脉冲的上升时间和下降时间、上冲和下冲均为零时,这个脉冲信号就称为理想的矩形脉冲信号,如图 1.4(b)所示。但实际上,这种所谓理想的矩形脉冲信号在现实中是不存在的。通常,当上升时间、上冲、顶部降落、下降时间、下冲等参数值很小时,可近似看作是矩形脉冲信号,这样也便于分析。

在核物理和粒子物理实验中,最基本的测量方法是:采用各种电子线路组成的系统——核仪器,来获取及处理核探测器测量核辐射时所得的电信号,并对测量结果做出分析和记录。

由于核电子学所研究的是如何处理核辐射探测器输出的电信号,因此必须首先对核辐射探测器的输出信号要有所了解。

通常,核辐射探测器的输出信号是一系列幅度大小不一、波形不尽一致、前后间隔疏密不均——时间随机分布的电荷或电流脉冲,它们是由入射粒子的性质及探测器的响应所决定的,根据这些脉冲及相关参数,可以得到以下有关核辐射和粒子的信息。

每个脉冲所携带的电荷量:电荷量的大小与入射粒子的能量(或能量耗损)成正比。若输出电流脉冲,其面积就代表电荷量,所以若将脉冲送到电容上累积电荷,电容上的输出电压幅度就相应代表电荷量,而电压幅度大小的分布就能反映入射粒子的能谱。

每个脉冲出现的准确时刻:由该时刻可以确定粒子入射到探测器的准确时刻。但使用两个以上探测器时,可以测定射入这些探测器的粒子在时间上的相互关系,在此基础上可以测定脉冲时间间隔上的分布,即时间谱。

单位时间内平均出现的脉冲数：与单位时间内平均入射粒子数成正比。因此，它可以反映入射粒子的强度，从它的变化也可测量粒子的寿命。测量一定时间内脉冲的总计数，能给出总剂量大小。

脉冲的形状：有些探测器输出脉冲波形的某些参数，如脉冲的上升时间和入射粒子类型，通过这种波形参量的测量，可以识别入射粒子的类型，如分辨 n、γ、p 或其他粒子。

由此可见，用电子学方法对脉冲信号的幅度、时间、波形和数目等参量进行获取、处理和分析，可以获得粒子的动量、能量、电荷量、质量、时间和空间关系等各种信息，从而为识别粒子、研究粒子运动性质、探讨粒子内在规律提供实验依据。

三、多脉冲关联信息

当一个核辐射事件有多个粒子出射时，可以用多个探测器并行测量，得到多路核辐射脉冲信号，对多路脉冲信号进行关联分析可以得到该辐射事件的性质和特征参数。目前，多脉冲关联分析在高能粒子物理和军控核查技术中都有大量应用。下面从军控核查技术的目的、方法、原因出发，结合核材料属性测量，介绍多脉冲关联分析的研究近况。

军控核查的目的。钚和浓缩铀是核武器重要的核材料，这些核材料或作为核弹头的弹芯密封在弹头中，或从核弹头中拆卸下来置于密封的容器中。在对核武器类型或拆卸的核武器材料进行核查时，都不可能允许将其取出直接进行测量，因为弹芯的形状涉及核武器的设计机密。如何确认密封容器中核材料的属性就成了军控核查中的关键环节。

军控核查的方法。目前对核材料的探测可分为两种方法：一是被动方法，即探测裂变材料自身放射性衰变产生的出射粒子来探知核材料的种类和数量，这是一种比较安全、方便的方法，只要核查方的探测器不具有侵入性，此方法是容易被接受的；二是主动方法，即用外源（中子或者 γ 源）诱发弹头内材料的核反应次级粒子，再对这些次级粒子进行测量的方法，如可用射线照相的方法（如 X 光照相）探测材料的吸收性和密度，或用中子和高能粒子激发裂变材料探测其发射的粒子，据此来确定核材料的种类和数量。

军控核查的原因。原则上讲，中子探测和 γ 射线的被动探测是可以探明浓缩铀的属性的，但是由于核武器设计的保密性以及其他政策、法律上的限制，弹头材料属性的探测只能在不暴露核弹头本身设计机密的条件下完成。另外，高浓铀与武器级钚比较起来，铀的自发裂变中子和 γ 射线发射强度都比较弱，γ 射线能量也比较低。因而对于被动探测而言，高浓铀属性的探测比钚属性的探测更为困难,只能采用主动方法才能对其进行有效探测。因此,军控界把从核武器部件中拆卸下来的高浓铀的存在及其属性的探测看成是军控核查技术的一个难点。

目前,对铀材料质量的主动探测方法主要有 4 种:时间关联符合法、主动缓发中子法、中子多重性测量分析法、有源符合中子法。时间关联符合法是主动法的一种,可以应用于裂变材料的无损分析,是金属铀核查认证技术的重要手段之一。美国橡树岭国家实验室以此为基础开发和研制了核材料识别系统(Nuclear Materials Identification System,NMIS)。关于这个方法国际上发表的论文中有一些数值模拟结果,但是只有极少量有参考价值的实验数据,而国内的研究大多停留在初步的数值模拟阶段。

中国工程物理研究院研究员龚建应用时间关联符合法对探测铀部件浓缩度进行了初步的实验研究,选用两种不同的定时中子源(锎电离室与定时氘氚中子发生器)以及相应的探测系统对质量(8kg 左右)与形状(半球壳)相似的高浓铀和贫化铀部件进行探测,获得了源与探测器、探测器与探测器之间的时间关联信号。通过对时间关联信号的分析,可以得到相应的标签参数来表征铀部件的浓缩度。这些参数对铀部件的浓缩度有很高的敏感性,能够有效区分质量与形状相似而浓缩度不同的铀部件。另外,还进行了初步的数值模拟计算,通过蒙特卡罗输运程序(Monte Calor N Particle transport code,MCNP)对实验最基本的情况做了初步的数值模拟,得出了相应的时间关联系数,分析了其中中子信号与 γ 信号的分布,并对以此分辨高浓铀与贫化铀部件的可行性进行了评估,为后续的实验与数据分析奠定了基础。

北京应用物理与计算数学研究所、中国工程物理研究院战略研究中心通过数值模拟分析了窄束 ^{252}Cf 中子源诱发不同质量、不同丰度的金属铀材料的中子输运过程,并获得了其时间关联符合计数。通过分析时间关联符合计数特征参数,验证了时间关联符合计数的 FWTH 与增殖系数,FWTH 内的总计数与增殖系数和 ^{235}U 质量的乘积及外中子源衰减与金属铀总质量的正比关系,由此建立了金属铀质量和丰度的主动中子时间关联符合测量探测方法。

中国工程物理研究院核物理与化学研究所利用粒子蒙特卡罗输运程序,对富集度相同、几何尺寸各异的半球壳形状的金属铀部件质量测量实验进行模拟,获得对应粒子的时间关联符合计数分布。然后根据模拟计算结果,评估几何形状对质量分辨的影响。研究结果表明,半球壳金属铀部件的形状对其质量测量的影响不大。

时间关联复合法在国外应用比较成熟,如核信号高速测量系统是根据美国 NWIS(Nuclear Weapon Identification System)立项开发的。测量系统的物理模型如图 1.5 所示，第 1 通道中的源^{252}Cf 是驱动中子源，它“激发”了裂变材料并使之产生若干中子和 γ 射线，其可以通过第 2 和第 3 通道探测到这些中子。下面就如何利用时间关联符合方法测量被测系统属性加以说明。

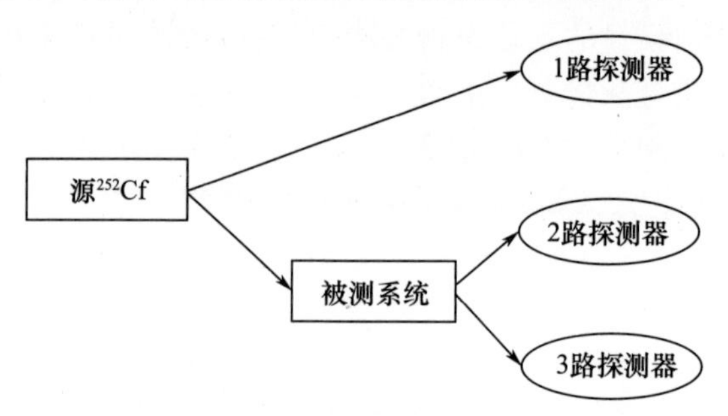

图 1.5　核信号高速测量系统的物理模型

核信号高速测量系统采用了主动测量，因此外中子源是必需的，用来“激发”裂变材料或被测量系统。^{252}Cf 为系统的自发裂变中子源，每自发裂变一次，放射出约 4 个中子和 6 个 γ 射线，它在本系统中起“激发源”的作用，也就是系统的驱动中子源。被测量系统是本系统的主要测量对象。^{252}Cf 源产生中子和 γ 射线后，在被测系统内产生一系列的裂变中子。所以，被测系统内的裂变材料在本系统中起“受激辐射”的作用（链式反应）。上述系统测量的物理模型进一步可用图 1.6 表示。这一过程进行极快，在极短的时间内释放出巨大的能量。

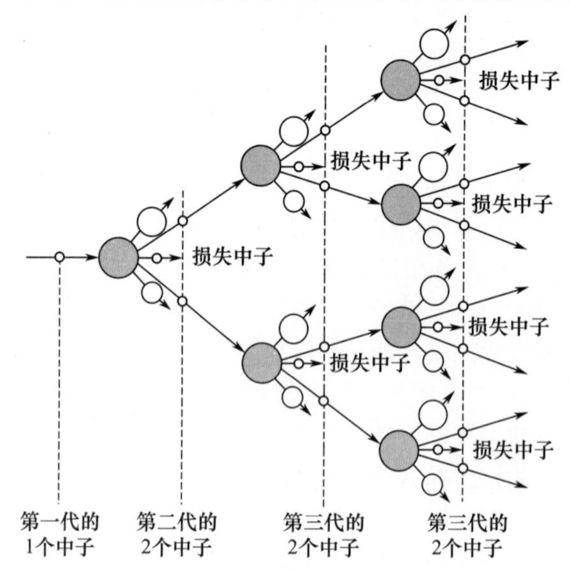

图 1.6　链式裂变反应示意图

当被测量系统受激发后，各路信号到达的先后顺序如图1.7所示，源^{252}Cf自发裂变后，直穿γ射线最快被探测到。其次是散射γ射线和直射中子，它们均来自源^{252}Cf裂变，直接穿过裂变材料而不会经过任何“碰撞”。散射γ射线比直穿γ射线晚到达探测器，所以直穿γ射线能平行传播而不会被阻挡。因为源^{252}Cf裂变产生的直射中子的能量不同，所以它们到达探测器的时间也不同，因此在示意图中有一个时间差。最后依次被探测到的是散射中子、诱发裂变产生的中子和γ射线。图1.7很好地反映了系统实际测量中中子和γ射线在时域上的交叠情况。

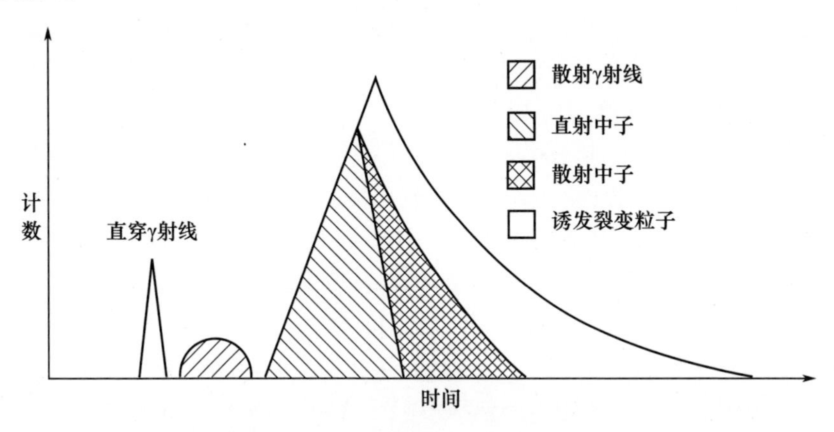

图1.7　^{252}Cf的裂变信号的时域分析

核信号高速测量系统的测量模型如图1.8所示。

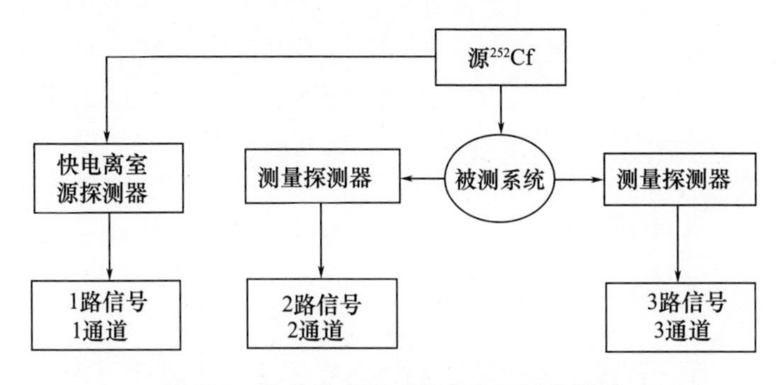

图1.8　核信号高速测量系统的测量模型

了解了各路信号的内部情况后，让我们来看看高速测量系统是如何通过多路测量来实现对主要测量对象的属性测量的。在军控核查中主要测量对象是浓缩铀，铀所含同位素主要是^{235}U、^{238}U，还有少量的^{234}U，铀可以在中子的作用下发生诱发裂变。同一裂变事件几乎同时发射出几个中子和若干个射线。当系统采用主动方式对反应堆铀的浓度进行测量时，需要一个外中子源（即^{252}Cf驱动源）。同时，还需要两路对中子、射线同样敏感的探测器来测量直穿射线和直射中子，散射γ射线和中子，中子诱发γ射线和中子以及^{252}Cf源自发裂变的射线和中子等。在该测量系统中，利用了^{252}Cf源和^{6}Li闪烁体，可以得出主动源诱发的粒子探测计数的时间分布。当源中子射入裂变物系统时，中子与裂变核产生4种相互作用，即裂变、散射、俘获、泄漏，形成裂变链。高速测量系统开始测量单个裂变链上中子的“相关”行为。实验时，采集得到的是每个裂变链上泄漏中子的时间分布$X(t)$、$Y(t)$和$Z(t)$。其中，$X(t)$是外源的时间分布，$Y(t)$和$Z(t)$分别是第二和第三路探测系统测得的时间分布。它们能测到的只是泄漏中子，非泄漏中子是测不到的。三个时域函数$X(t)$、$Y(t)$和$Z(t)$通过裂变链而相互关联，这种关联的关系就用相关函数来描述。关联函数分为自关联和互关联，自关联就是一路探头的t时刻探头计数与$t+\tau$时刻计数的乘积的总和。t时刻的计数是源中子发生的概率，$t+\tau$时刻计数是$t+\tau$时刻产生诱发中子的概率，其乘积就是两者都发生的概率。这种有内在时间联系，而又在不同时刻发生的概率在一个裂变链的时间间隔内都有可能发生，所以要“求和”。t和τ虽然是在同一个时间轴上，但是其物理意义不同。t是源中子的时间轴，τ是诱发中子（即子孙中子）的时间轴。源中子和诱发中子只有相对的意义，先产生的是源中子，后产生的是诱发中子。互相关函数是两个探头测到的同一个裂变链的共同信息的量度。

在对三个时域函数$X(t)$、$Y(t)$和$Z(t)$做相关计算的基础上，求出它们的自关联函数（G_{11}、G_{22}、G_{33}）和互关联函数（G_{12}、G_{13}、G_{23}），并分析它们之间的区别与联系便可得出被测系统的属性。显而易见，不同中子在频域上的反映是不同的，所有的这些信息包含了裂变系统大量的物理特征，可以通过运算得到一些参数，如多重性、相干性和功率谱密度比等，判别被测系统的类型、厚度、裂变材料，以达到核监控的目的。相关函数的时间分布形状是随次临界度变化而变化的，等效于由中子增值决定。因此，这种方法也可以测得中子增值因子和次临界度。

第五节　核信息探测技术的发展趋势

近年来，随着计算机科学和电子技术的飞速发展，在现代核电子学领域，数据采集、获取以及分析方法也在不断变革与创新，核物理实验数据处理方法的改进与电子信息和计算机科学的联系日益紧密。数字化技术使传统的核信号采集和处理方式得到了极大改善，可以利用高速数据采集卡对核脉冲信号进行采集，再用算法对这些海量数据进行处理和分析,获取传统核电子学系统难以得到的结果。

近代物理电子学(Modern Physical Electronics)是专用于核信号测量的一门科学,又称核电子学(Nuclear Electronics),是一门用电子学方法来获取和处理核信息的学科,是电子学与核科学相结合的产物。其广义的范畴,是指核科学技术领域的各种电子学方法,其中除了包括用于核物理基础研究的核辐射探测电子学外,还包括加速器电子学、核反应堆电子学、核医学电子学、抗辐射电子学以及核电磁学等。随着微处理器、计算机技术以及数字信号处理技术在核技术中的不断应用,近代物理电子学所涵盖的范围也日益延拓,虽然其核心部分仍为用于核辐射测量和分析的电子技术(即对核辐射探测器信号作放大、记录和分析所必需的种类繁多的电子仪器、装置以及与计算机相配合的测量系统),但应该包含近年发展起来的对核信号进行先期处理的 DSP 方法和技术。

人们对原子核内部特征规律的研究,都是通过测量、分析原子核所携带的信息来进行的。而这些信息是人们用肉眼无法直接感受的,这就意味着需要通过特殊的测量方法和手段间接地进行观察,也就自然而然地提出了关于核辐射探测方法及其实现的问题。在众多方法中,目前应用最广泛的是电测法,即通过特殊的探测器(核辐射探测器)将物理量(核辐射信息)转换成电信号输出,进而用电子学的方法进行处理和研究。简要地说,整个探测过程为:辐射→探测器→形成电信号→模拟处理→数字化→数据采集和在线分析(利用计算机或专用设备)。

正是在 20 世纪 30 年代,当人们开始把电子技术引入到核辐射测量过程中时,核辐射探测技术才发生了真正意义上的变革;在 20 世纪 40 年代,伴随着电子学在核科学领域的广泛运用以及需求的增加,逐步形成了核电子学这一学科。随着对核物理、粒子物理研究的不断深入以及核技术的广泛应用,特别是随着电子学、计算机技术的飞速发展,以及新工艺、新器件的不断推出,近代物理电子学方法和技术获得了长足发展,而近代物理电子学的新方法和新技术又进一步促进了核科学技术的不断飞跃。因此,近代物理电子学技术实际上已成为现代核科学技术的重要基础和进一步发展的前提。

对这些脉冲运用电子学方法进行处理,可以得到有关核辐射和粒子的各种信息,为识别粒子的种类、研究粒子的运动性质及其内在规律提供实验依据。需要指出的是,由于目前生产的探测器本身对不同核信息具有不同的敏感性和传递特性,所以应根据测量对象的不同采用各种不同的电子学方法。具体而言,近代物理电子学测量系统应该具有(分别具有或兼而有之)优越的幅度分辨(粒子能量的测量)、时间分辨、波形分辨(粒子识别)和计数率分辨特性,对各种时间量信息具有高速响应和处理能力,同时还应具有良好的稳定性和尽可能小的非线性,等等。

随着信息技术、计算机技术在核技术中广泛和深入的应用,不仅使传统方法得以改进,而且推出了一些新的方法,促进了近代物理电子学的发展。总体而言,这些改变主要体现在以下几个方面:

(1) 电子器件功能、指标的不断升级使基于传统方法的仪器设备的测量精度与速度有很大的提高。例如,谱仪关键器件——谱仪 ADC 的精度、变换时间和稳定性等指标不断改进,使得传统的模拟谱仪在能谱测量及时间谱测量时的精度和速度显著提高。

(2) 信号处理理论和技术的发展促进了核电子学传统测量方法的不断改革,出现了许多基于新技术的新方法,如基于 DSP 的多道分析器以及数字多道分析器等,而且,不断出现的新技术和新方法必将使核信息的综合分析与处理能力得以进一步增强。

(3) 核辐射信息的数字化使我们能够运用数字信号处理理论与方法(如小波分析、人工神经网络技术)对测得的核数据进行处理,抑制或降低统计涨落以及系统非线性误差对测量精度的影响,增强对能谱中弱峰和重峰的辨识能力,提高能谱分析精度,缩短分析、处理时间。

(4) 利用计算机资源和优秀的开放、交互式控制平台,使近代物理电子学测量仪器和系统向通用化、智能化、集成化、网络化方向发展,使我们能够在节省资金、提高大型设备的利用率等方面获益。

随着核技术不断渗透到其他领域,近代物理电子学除了直接应用于核科学研究、核燃料与核动力工业、核武器效应和核防护等领域外,目前还广泛应用于物理、化学、天文、地质、生物、医学、环境科学、考古学、水利、空间技术等各个学科领域,并在工业(如大型机械设备毁损评估、化工材料分析等)、农业(如良种培育、土壤分析、辐照保鲜等)、海关(如集装箱过关无损检测)、能源(如核废料处理)等许多部门大显身手。

总之,随着计算机技术、大规模集成电路技术、激光技术、光纤技术、微通道板技术和纳米技术的发展及应用,近代物理电子学方法必将不断创新,向着更精细、更简便、更有效的方向发展。核仪器也将朝着更高速、更高精度、更高效率的数字化、智能化、通用化方向发展,进而促进核科学技术水平不断提高。

第二章　核辐射测量系统的发展历史与现状

第一节　常用核辐射测量系统原理

在核物理和粒子物理实验中,最基本的测量方法是采用各种核电子仪器组成的系统和装置,获取及处理核探测器测量核辐射时所得的电信号,并对测量结果做出分析和记录。

核辐射测量系统通常由核辐射探测器和核电子学测量系统两部分组成。探测器分为半导体探测器、气体探测器、闪烁体探测器等,种类繁多,可根据测量要求选择合适的探测器。而核电子学测量系统包括模拟信号滤波、成形、放大和幅度或时间信息甄别,以及模数变换、数据的获取和处理。核电子学信号处理系统根据不同要求实现能量测量、时间测量、强度式剂量测量。系统的基本组成如图2.1所示。前置放大器的作用是将探测器输出的电荷收集起来,并转换成电压或电流信号。用于能量测量时要求前置放大器本身的噪声很小,以保证能放大微弱的电荷信号并能分辨出它们的微小差别。当需要分析信号的时间信息时,前置放大器要能准确地保留粒子的时间信号,以便确定核事件发生的时间或粒子种类,此时采用快前置放大器。由于前置放大器的功能特点,前置放大器一般与探测器封装在一起。为了便于精确测量和分析,信号从前置放大器输出后要经过放大器,进行滤波成形并且放大;然后采用幅度或时间信息甄别电路辨别信号的幅度或时间是否在预定的范围内;最后,模拟信号必须经过模/数变换电路才能进行时间、幅度信息的处理。这一部分电路是非常重要的。在模拟信号变换成数字信号后,由数据获取与分析电路进行数据获取和处理。其中,多道分析器是数据获取和处理的有效设备,可以实现幅度信息、时间信息等分类计数,获取幅度谱、时间谱数据。

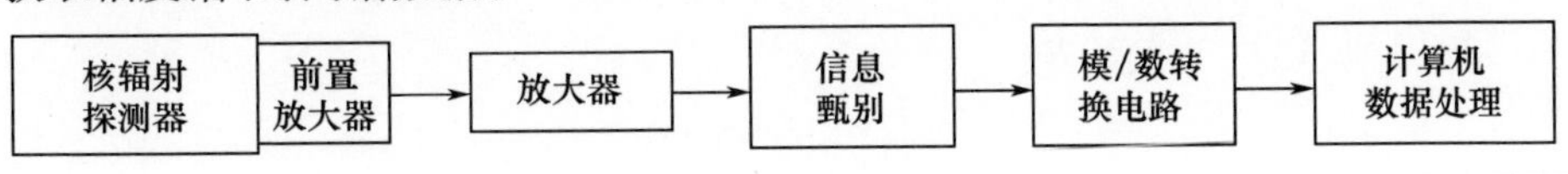

图2.1　核信息测量系统

1. 气体探测器

电离室、正比计数器和盖革米勒(G－M)计数在工作介质、结构上有相似之处,它们统称为气体探测器。下面以电离室为例来简述它们的工作原理。图2.2(a)给出平行板电离室结构,在两块金属平行板上加以一定高压。当入射带电粒子通过气体,使气体分子电离成电子—正离子对时,带负电荷的电子与正离子在外加电场作用下分别作漂移运动,相应在平行板电极上产生感应电荷,并在外电路上产生相应的电信号。当外加电压升高时,气体探测器工作于正比区产生气体放大,就称为正比计数器。当气体放大倍数随电压急剧上升,电子雪崩持续发展成自激放电,则称为G－M计数器。

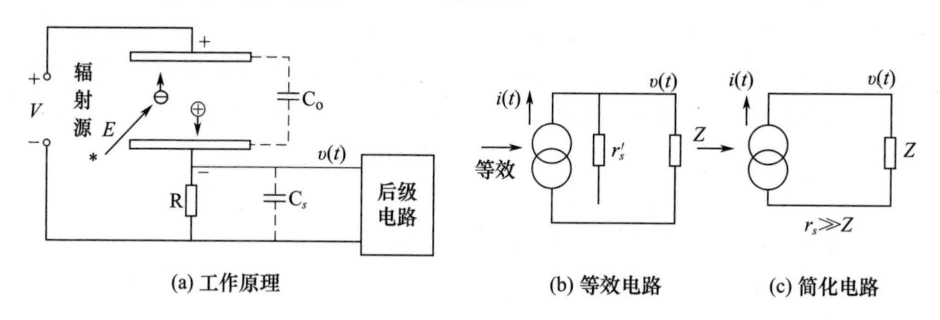

图2.2　气体探测器

假定能量为E的入射粒子把其全部能量损耗在探测器内使气体电离,每产生一对电子—正离子所需的平均能量为$\overline{w}$,称为平均电离能,则该辐射所产生的总电子—正离子对数为

$$N = F \cdot A \cdot E/\overline{w} \tag{2.1}$$

式中:A为气体放大倍数,对电离室$A=1$,对正比计数器A约为几百;F为法诺因子。

各种气体的平均电离能不同,通常$\overline{w}$在20～40eV之间,设$\overline{w}=33\text{eV}$,则对于能量为1MeV的核辐射来说,按上式则可得到$N=3\times10^4$对,相应的电荷量为

$$Q = N \cdot e \tag{2.2}$$

式中:e为电子电荷,$e=1.6\times10^{-19}\text{C}$。

由于电子与离子向电极漂移运动,产生感应电荷的变化,使之在外电路上形成感应电流$i(t)$,可表示为

$$i(t) = Q(t)/\Delta t \tag{2.3}$$

这样,可以把在图2.2中的气体探测器看成为产生$i(t)$信号的电流源。它

的等效电路如图 2.2(b)所示,当内阻比负载大得多时,图 2.2(b)可进一步简化为图 2.2(c)。

需要指出的是,电流信号的时间持续过程主要与电子和离子的漂移速度有关(这与气体的性质有关)。通常,在电离室中电子漂移速度较快,为微秒量级,而离子漂移速度慢得多,为毫秒量级。

图 2.3 中:①为电离在正极板附近发生,电子很快到达正电极,感应电流主要由离子漂移运动造成,持续时间最长;②为电离在负极板附近时,正好相反;$i(t)$ 主要由电子漂移运动造成,持续时间最短,为微秒量级;③为电离在两极板中间位置时,$i(t)$ 由电子感应电流和离子感应电流两部分合成,持续时间随位置有一个分布。

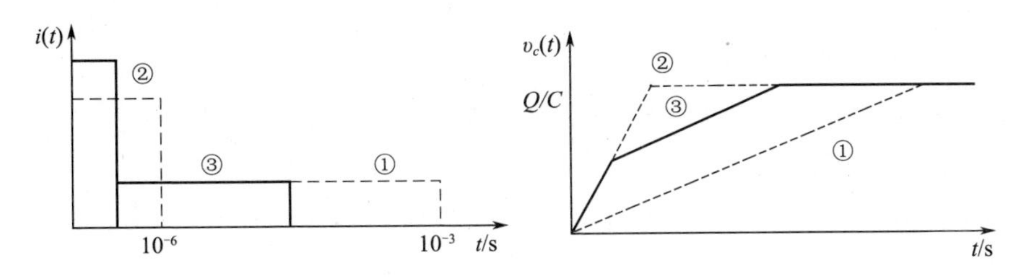

图 2.3　平行板电离室的输出信号

显然,在电离室不同位置入射的同样能量的粒子,因电子—离子对产生的地点不同,所得到的输出电流 $i(t)$ 的大小不同,因此不能用电流大小来测量入射粒子的能量,但是电荷量是相同的,所以只要在探测器输出端接上电容负载,将输出电流通过电容器积分,在电容 C 上得到电压信号为

$$v_o(t) = Q/C = \frac{1}{C}\int_0^t i(t)\mathrm{d}t \tag{2.4}$$

当 t 大到足以收集所有感应电流时,则有 $\int_0^t i(t)\mathrm{d}t = Q = N \cdot e$,$v_o(t)$ 达到恒定值,即

$$v_o(t) = N \cdot \frac{e}{c} = F \cdot A \cdot E \cdot \frac{e}{\overline{w}} \cdot C = K \cdot E \tag{2.5a}$$

因为 F、A、e、$\overline{w}$、C 都是常量,所以电容 C 上输出的电压信号与能量 E 成正比关系,即可由电压信号幅度来测量能量。

正比计数器由于气体放大,输出信号幅度较电离室大几百倍至几千倍,而且几乎与入射粒子产生原电离的位置无关。G－M 计数管,虽然输出信号已和原电离失去正比关系,但灵敏度高,输出信号幅度大,主要用于计数。

2. 半导体探测器

常用的半导体探测器包括金硅面垒探测器、Ge(Li)和 Si(Li)探测器、高纯锗探测器,以及目前使用较多的 Cd(Zn)Te 等,它们都是以半导体材料为探测介质,具有能量分辨率高、线性范围宽等优点。

半导体探测器俗称固体电离室,与气体的情况类似。图 2.4(a)给出平面探测器的示意,当能量为 E 的粒子入射到耗尽层中时,半导体探测器内产生电子—空穴对。并在外加电场作用下,分别向 N 与 P 作漂移运动,同样在外电路上产生感应电流 $i(t)$,所以半导体探测器也可等效看作为电流源,如图 2.4(b)所示。

由于固态探测介质的平均电离能相对较小,如对 Ge(锗),$\bar{w}$ 为 2.96eV。对 Si(硅),$\bar{w}$ 为 3.61eV。同样能量的带电粒子在半导体中产生的电子—空穴对的数目要比在气体中产生离子对的数目高出一个量级。所以,半导体探测器的输出信号,要比电离室信号大得多。

在时间特性上,主要取决于电子和空穴在耗尽层中的运动速度,它与外加电压大小、环境温度和迁移率有关,当载流子速度为饱和速度(10^7cm/s)时,若耗尽层厚度为 1cm,则载流子在耗尽层中的运动时间为 50 ~ 100ns,电流 $i(t)$ 的形状如图 2.4(c)所示。

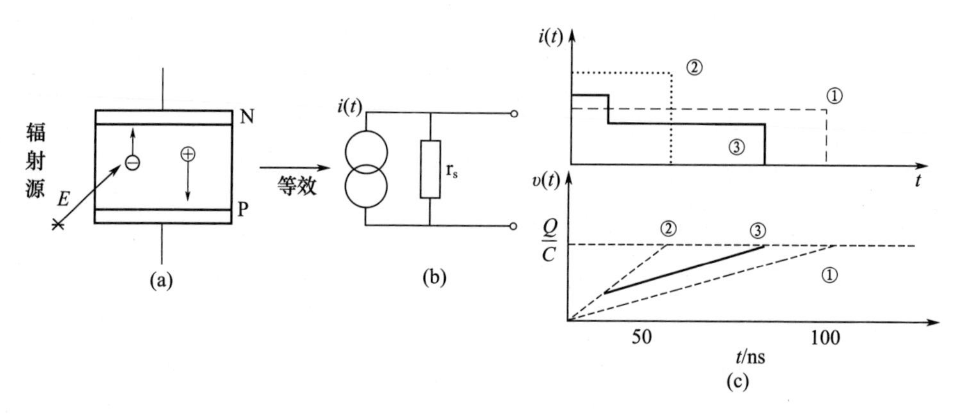

图 2.4 半导体探测器的等效电路与输出信号

图 2.4(c)中:①表示入射在耗尽层附近;②表示入射在耗尽层中间;③表示入射在任意位置。由于不同位置入射的粒子,产生电子—空穴对的地点不同,$i(t)$的形状随之变化,所以不能用它来测量入射粒子能量,和前面讨论的气体探测器情况类似,由输出电容积分得到电压信号为

$$v_C(t) = \frac{Q}{C} = \frac{1}{C}\int_0^t i(t)\,\mathrm{d}t = N \cdot \frac{e}{c} = E \cdot \frac{e}{\bar{w}} \cdot C = k' \cdot E \qquad (2.5\text{b})$$

即可用电压信号来测量入射粒子的能量。

半导体探测器的电子—空穴对的收集时间一般为 10^{-7}s,这样对全部输出电流积分时间比电离室要小得多。所以,它可用于高计数率的测量,分辨特性也好得多。

3. 闪烁探测器

当射线入射到闪烁晶体时,先使闪烁体中的分子或原子激发,然后在退激时发出荧光,此光脉冲照射到光电倍增管的光阴极上转换成光电子。通过光电倍增管逐级倍增,最后在阳极上收集成电流脉冲 $i(t)$。闪烁探测器同样可看成为电流信号源,如图 2.5 所示。

输出电流 $i(t)$ 与闪烁体的发光效率、光阴极的灵敏度及光电倍增管的倍增系数有关。例如,光脉冲的衰减时间常数为 τ_0,可以得出阳极输出电流 $i(t)$ 为

$$i(t) = Q/(\tau_0 \cdot e^{-1/\tau_0}) \tag{2.6}$$

式中:Q 为阳极上收集的总电荷,它与入射粒子的能量 E 成正比。此时可直接用它来测量核辐射的能量。

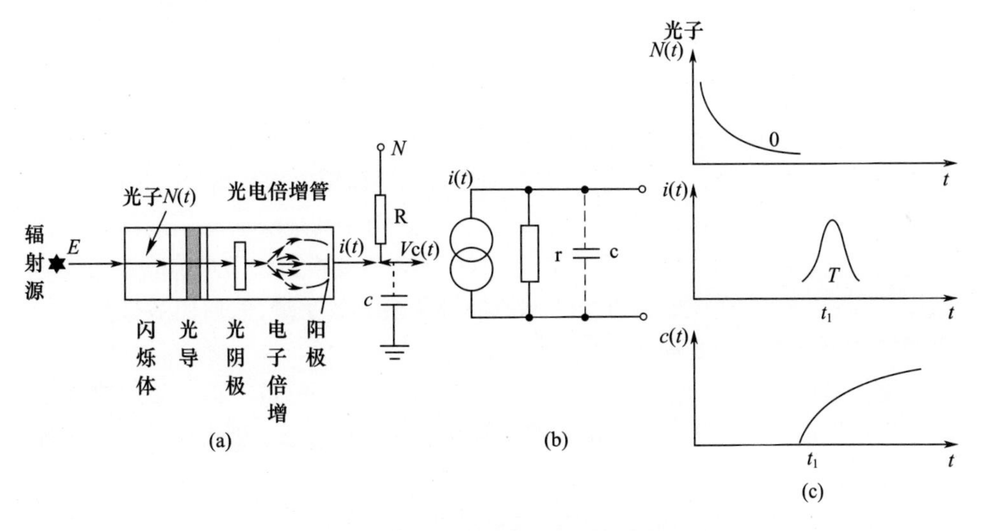

图 2.5　闪烁探测器的等效电路与输出电路

有必要指出,由于电子经过光电倍增管的打拿极需要一定的时间,所以电流信号 $i(t)$ 和积分电压信号 $v_o(t)$ 比入射粒子产生的光脉冲要延迟一段时间,而且光子在光阴极上转化成光电子的位置不同,是有一定的涨落,所以实际上这一时间有长有短,称为渡越时间分散,表现出 $v_C(t)$ 的上升时间也有一个分布。

由上面对三种主要核辐射探测器的简要分析,可以对核辐射探测器的输出等效电路和输出信号的特点小结如下:

（1）核辐射探测器都能产生相应的输出电流 $i(t)$，在电路分析时，可把它等效为电流源，所不同的只是电流源及等效输出阻抗的取值。

（2）该输出电流 $i(t)$ 具有一定形状，即有一定时间特性，所以可用于时间分析（对闪烁探测器也可作能量分析）。

（3）如在输出电容上积分电压信号，则 $v_C(t)$ 正比于 E，可做射线能量测量。

经典的核信息测量系统通常由核辐射探测器和与之配套的电子学分析系统两部分组成。由于探测器种类繁多，其性能指标各不相同，因而相应的电子学系统在设计方法、指标要求等方面差异较大，这正是近代物理电子学研究的内容，也是它与通用电子学的区别所在。一般而言，近代物理电子学测量系统由模拟信号获取与处理、模/数变换和数据量获取与处理等三部分组成，如图 2.6 所示。

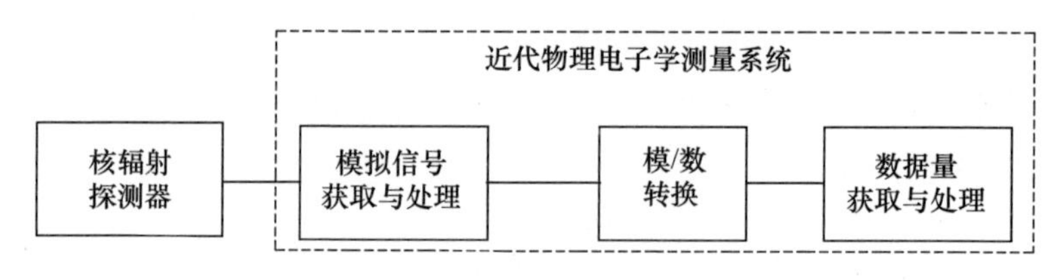

图 2.6　核信息测量系统

模拟信号获取与处理部分，就是接收核辐射探测器发出的各种电信号，经过放大、成形、甄别等处理，尽可能不失真地保持探测器输出信号携带的核信息；或者针对原有信息的特点，剔除干扰，抑制噪声，去伪存真地获取有用的信号。为了提高测量精度，需要将信息数字化，把有用的信号变换成数字系统能够接收的数据，即通过模/数变换器将有用的模拟信号变换成数字量，然后由数据获取与处理部分进行获取和处理，给出实验结果。

近代物理电子学测量系统实现了对各种信号的处理，也可称为近代物理电子学信号处理系统。图 2.7 给出了按信号获取顺序和信息处理类型定义的系统组成方框图。

在图 2.7 中，上面一路为能谱测量道，从探测器输出幅度与入射粒子能量成正比的信号，经过放大、幅度甄别等处理，再加以分析和记录或经过数字化加到数据获取与处理系统（多道脉冲幅度分析器，简称谱仪）中。中间一路为用于时间测量的时间道，从探测器输出的信号保留了时间的信息，经过放大和时间检出电路等处理，以及数字化处理后加到数据获取与处理系统（多道时间分析器，简称时间多道）中。最下面一路为用于强度式测量的电子学电路，在实际应用时应根据所选探测器类型与测量要求，组成相应的测量系统。

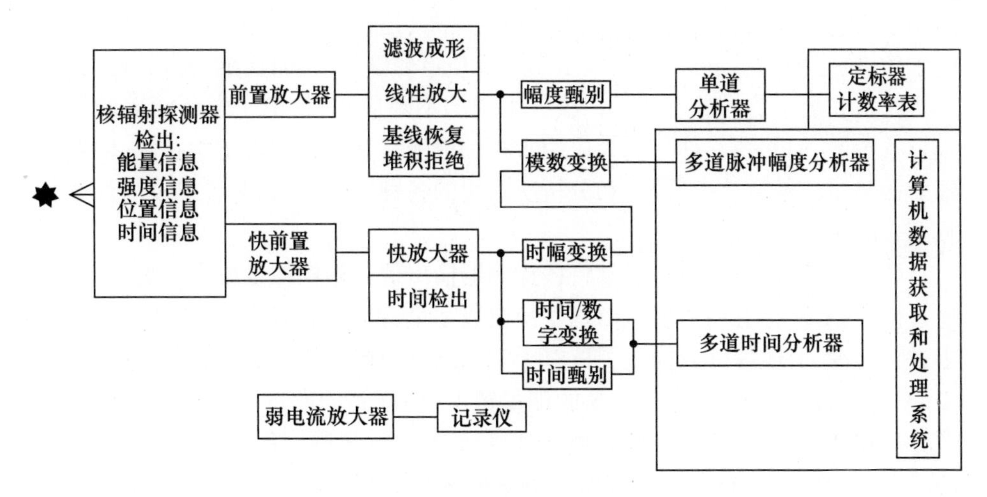

图 2.7　常用核信号测量与处理系统组成方框图

第二节　核辐射测量系统发展历程

在核物理发展的早期,气体探测器是主要的探测器。20 世纪 50 年代以后气体探测器逐渐被闪烁探测器和半导体探测器取代,但在某些领域气体探测器因其独特的性能仍在使用和发展。另外,人们还发展了专门的中子探测器以及在大型粒子物理实验及地学、矿物学等研究中发挥着重要作用的核径迹探测器。随着材料科学、计算机技术及成像技术的飞速发展,核探测技术也在迅猛发展之中。不但传统闪烁探测器和半导体探测器性能不断改进,应用范围越发广泛,还出现了 Cd(Zn)Te、GaAs、a - Se、氯化镧等许多新材料探测器。另外,气体无线条微图形探测器、微剥离气体室(MSGC)探测器、基于气体电子倍增管(GEM)的探测器和基于 GEM 的气体雪崩成像光电倍增管也开始出现并得到应用。

核电子学是核科学和电子学相结合的产物,是一门用电子学办法来获取和处理核信息的学科。在 20 世纪 30 年代初,当人们开始把电子技术引入到核辐射测量中时,就引起了探测技术的重大革命,到 40 年代开始逐步形成了一套核电子学方法和技术。几十年来,核电子技术不断更新换代、迅猛发展,特别是不断采用电子学和计算机技术的新成就、新技术、新工艺、新器件,使现代的核电子学方法和技术达到新的水平,能够实现大量地、高效地、精确地、灵敏地、方便地、经济地获取和处理有关核辐射和粒子的各种信息。

核电子学广义的范畴,是指核科学技术领域的各种电子学方法,其中除了包括用于核物理基础研究的辐射探测器电子学外,还包括加速器电子学、核反应堆电子学、核医学电子学、抗辐射电子学以及核电磁学等。而且,随着微处理器、计算机技术和数字信号处理技术在核技术中的不断应用,核电子学所涵盖的范围也日益拓展,但其核心部分仍为应用于核辐射测量和分析的电子学技术,即对核辐射探测器信号做放大、记录和分析所采用的各种电子仪器、装置以及与计算机相配合的测量系统。

核电子学采用的方法,通常将核探测器输出信号做模拟量放大和处理,然后通过模/数变换将有用的模拟信息变换成数字量,再送到计算机或数据处理系统中进行处理,上述各部分构成了核电子学的测量系统。对于系统和各个部件,相应的有一系列特殊要求,包括:高的测量精度,即优越的幅度分辨、时间分辨、波形分辨和计数率分辨能力;快的测量时间,对各种时间量信息有高速响应和处理的能力;高的稳定性和可靠性,如环境温度、电源电压变化、长时间工作的稳定性、抗辐射性能;高线性、高灵敏度、使用方便等。

目前,在能谱测量方面,为了获得高能量分辨率,已发展了一套低噪声核电子学技术,如低噪声电荷灵敏前置放大、滤波成形、极—零相消、基线恢复、堆积拒绝等电路技术,与之相应发展了高精度、快速的模/数变换器和计算机多道分析器;在时间谱测量方面,发展了各种定时技术、符合电路和时间分析技术,测量精度已发展到皮秒量级;在核信息的分析处理方面,借助于计算机技术,实现了核测量的智能化(程序化、自动化、快速化),分布式处理的计算机网络也正在逐渐推广使用。当前,对核电子学发展有直接影响的是计算机技术、大规模集成电路技术、微通道板技术、激光和光纤技术,这些技术的渗透和发展,将推动核电子学向亚皮秒技术、更高分辨率、更高精度、更高智能化方向深入发展。

虽然核电子学技术发展很快,但是实际核辐射测量工作中,电子学系统仍然存在着有待改进的地方,如仪器测试任务相对单一、种类繁多、硬件规模庞大,运行成本高,更新换代慢;而且数据处理分析软件彼此不兼容,互换性差,数据共享性差,既不方便其使用与维护,也不利于测量的进一步智能化。这些都是下一步技术发展要解决的问题。

任何测量与控制都离不开仪器仪表,传统的测量仪器模式为:独立的机箱;有面板操作按键和旋钮,有信号的输入与输出端口,有测量结果的显示方式——指针、表头或数码管窗口等。传统仪器以专一、固化的形式存在,测量功能及应用范围只能由生产厂家定义、制造。一旦定型,多年技术老套,功能更新缓慢。随着科学技术的飞速发展,随之而来的新学科、新技术以及新产品不断涌现,这就给作为信息技术源头和基础的测量行业提出了新的挑战,传统仪器在测量精度越来越高、功能越来越强、速度越来越快、测量参数越来越复杂的各种场合中，其局限性明显地反映出来，甚至对某些新的被测对象传统仪器显得无能为力。计算机与微电子技术的高速发展无疑给仪器仪表业注入了新的活力，由于计算机强大的功能支撑使得各种微机化的新型仪器应运而生，特别是20世纪80年代末90年代初，国外提出了一种全新的仪器仪表概念——虚拟仪器。

第三节　虚拟仪器技术的兴起与特点

虚拟仪器是指基于计算机的软硬件测试平台，它可代替传统的测量仪器。虚拟仪器通常由个人计算机、模块化的功能硬件与用于数据分析处理的应用软件有机结合构成，通过软件将计算机硬件资源与仪器硬件有机地融合为一体，从而把计算机强大的计算处理能力和仪器硬件的测量、控制能力结合在一起，大大缩小了仪器硬件的成本和体积，并通过软件实现对数据的显示、存储和分析处理，使计算机成为一个具有各种测量功能的数字化测量平台。当硬件平台I/O接口设备与计算机确定后，编制某种测量功能的软件就成为该种功能的测试仪器。因为虚拟仪器可与计算机同步发展，与网络及其他周边设备互联，用户只需改变软件程序就可以不断赋予或扩展增强它的测量功能。

虚拟仪器是计算机技术与电子仪器相结合而产生的一种新的仪器模式，它的出现是现代计算机技术、仪器技术及其他新技术完美结合的结果，它是继第一代仪器（模拟式仪表）、第二代仪器（分立元件式仪表）、第三代仪器（数字式仪表）、第四代仪器（智能化仪器）之后的新一代仪器，它可以称为第五代仪器。虚拟仪器概念的提出为测量与控制领域技术的发展带来了空间，为仪器仪表的更新换代带来了机遇，同时，使进入信息时代的人们在测量观念上产生了更多的新思想和新概念。

虚拟仪器从概念的提出到目前技术的日趋成熟，体现了计算机技术对传统工业的革命。大致说来，虚拟仪器发展至今，可以分为三个阶段，而这三个阶段又可以说是同步进行的。

第一阶段，利用计算机增强传统仪器的功能。由于GPIB总线标准的确立，计算机和外界通信成为可能，只需要把传统仪器通过GPIB和RS-232同计算机连接起来，用户就可以用计算机控制仪器。随着计算机系统性价比的不断上升，用计算机控制测控仪器成为一种趋势。这一阶段虚拟仪器的发展几乎是直线前进。

第二阶段，开放式的仪器构成逐步形成。仪器硬件上出现了两大技术进步：一是插入式计算机数据处理卡（Plug in PC-DAQ）；二是VXI仪器总线标准的确立。这些新的技术使仪器的构成得以开放，消除了第一阶段中由用户定义和供应商定义仪器功能的区别。

第三阶段，虚拟仪器框架得到了广泛认同和采用。软件领域面向对象技术把任何用户构建虚拟仪器需要知道的东西封装起来。许多行业标准在硬件和软件领域产生，一些虚拟仪器平台已经得到认可并逐渐成为虚拟仪器行业的标准工具。发展到这一阶段，人们也认识到了虚拟仪器软件框架才是数据采集和仪器控制系统实现自动化的关键。

在虚拟仪器技术发展中有两个突出的标志：一是 VXI 总线标准的建立和推广；二是图形化编程语言的出现和发展。前者从仪器的硬件框架上实现了设计先进的测量与分析仪器所必需的总线结构，后者从软件编程上实现了面向工程师的图形化而非程序代码的编程方式，两者统一形成了虚拟仪器的基础规范。

要保证虚拟仪器具备与传统仪器匹配的实时处理能力和可靠性，很重要的一点是传输测量数据的总线结构。在虚拟仪器中，其分析功能是由计算机来完成或由计算机来控制。因此，接口、总线的速度和可靠性是关键，VXI 总线标准的建立，使得用户可以像仪器厂商一样，从访问寄存器这样的底层资源来设计和安排仪器功能，也使得用户化仪器功能设计得以实现。VXI 总线的出现，使得虚拟仪器设计有了一个高可靠性的硬件平台，目前已出现了用于射频和微波领域的高端 VXI 仪器。当然，采用普通 PC 总线，尤其是工业 PCI 总线的虚拟仪器也在不断发展，这类虚拟仪器主要面向一般工业控制、过程监测和实验室应用。

除了硬件技术外，软件技术的发展和有关国际标准的建立，也是推动虚拟仪器技术发展的决定性因素之一，在 GPIB 接口总线出现以后，关于程控仪器的句法格式、信息交换协议和公用命令的标准化，一直是人们关心的问题。标准程序命令（SCPI）标准的建立，向程控命令与仪器厂家无关这一目标迈进了重要的一步。随着虚拟仪器思想的深入，用户自己开发仪器驱动已成为技术发展的客观要求。过去仪器驱动都是由仪器厂家专门设计的，缺乏标准，使得用户在仪器软件方面的投资得不到保护。为此，国际上专门制定了虚拟仪器软件体系（VISA）标准，建立了与仪器接口总线无关的标准 I/O 软件，与 LabVIEW、HPVEE、Labwindows 等先进开发环境软件相适应。开发一个用户定制的虚拟仪器在软件技术上已经成熟。可以预计，未来电子测量仪器和自动化测试技术的发展还将更多地渗透虚拟仪器的思想。

仪器的功能概括来讲是用来测试和控制的，因此虚拟仪器系统的概念是测控系统的抽象。与传统仪器一样，它同样划分为数据采集、数据分析处理、显示结果三大功能模块。虚拟仪器以透明方式把计算机资源和仪器硬件的测试能力结合,实现仪器的功能运作。不管是传统的还是虚拟的仪器,它们的功能都是相同的,即先采集数据,再对采集来的数据进行分析处理,然后显示处理结果,它们之间的不同主要体现在灵活性方面。虚拟仪器由用户自己定义,这意味着可以自由地组合计算机平台硬件、软件以及各种完成应用系统所需要的附件。它可以代替传统的测量仪器,可集成于自动控制、工业控制系统,可自由构造成专有仪器系统。因此,可以说虚拟仪器代表了未来测量仪器设计发展的一个方向。

虚拟仪器充分利用了计算机的存储、运算功能,并通过软件实现对输入信号数据的分析处理。处理内容包括数字信号处理、数字滤波、统计处理、数值计算与分析等。虚拟仪器比传统仪器和以微处理器为核心的智能仪器有更强大的数据分析处理功能。

与传统仪器相比,虚拟仪器除了在性能、易用性、用户可定制性方面具有更多的优点外,在工程应用和社会经济效益方面也具有突出的优势。

一方面,目前我国高档仪器(如数字示波器、频谱分析仪,逻辑分析仪等)还主要依靠进口,这些仪器加工工艺复杂,对制作技术要求很高,国内生产尚有困难。采用虚拟技术可以通过只采购必要的通用数据采集硬件来设计自己的仪器系统。另一方面,用户可以将一些先进的数字信号处理算法应用于虚拟仪器设计,提供传统台式仪器不具备的功能,而且完全可以通过软件配置实现多功能集成的仪器设计。表 2.1 列出了虚拟仪器与传统仪器特点的比较,可以看出虚拟仪器的优势。

表 2.1　传统仪器与虚拟仪器性能对比

传统仪器	虚拟仪器
厂商定义	用户定义
功能专一,有限联接的独立设备	与网络、外部设备和应用相联的面向应用的系统
关键是硬件	关键是软件
昂贵	经济,可重用(尤其对大型、多目的仪器系统)
功能封闭、固定	功能开放、灵活
技术更新周期长(5～10 年)	技术更新周期短(1～2 年)
开发和维护开销大	开发和维护开销小

虚拟仪器技术的提出与发展,标志着 21 世纪自动测试与电子测量仪器技术发展的一个重要方向。随着现代测试技术的发展,目前虚拟仪器概念已经发展成为一种创新的仪器设计思想,成为设计复杂测试系统和测试仪器的主要方法

和手段。在计算机技术及传感器等硬件技术的高速发展推动下,虚拟仪器替代传统仪器已势不可挡,以计算机为平台的虚拟仪器以其功能强、成本低等优点已在各种测量中起到不可替代的作用。同时,在核探测技术领域,虚拟仪器技术的发展也为核辐射测量仪器的设计和发展提供了新的机遇及研究方向。

第三章　核辐射数字化测量原理及系统结构

第一节　数字化原理及特点

一、数字化原理

在核物理和粒子物理实验中，最基本的测量方法是：采用各种核电子仪器组成的系统和装置，获取与处理核探测器测量核辐射时所得的电信号，并对测量结果做出分析和记录。

核辐射测量系统通常由核辐射探测器和核电子学测量系统两部分组成。探测器分为半导体探测器、气体探测器、闪烁体探测器等，种类繁多，可根据测量要求选择合适的探测器。而核电子学测量系统功能包括模拟信号滤波、成形、放大和幅度或时间信息甄别、模/数变换以及数据的获取和处理。核电子学信号处理系统根据不同要求实现能量测量、时间测量、强度式剂量测量。

常用核辐射测量仪器的共同特性为：探头输出的脉冲信号都要经过放大或适当的成形处理等调理，以便信号的后续处理。然后根据不同需求，分别获取经处理过的核脉冲信号的幅度信息、时间间隔、脉冲数或计数率等。通常为了获得这些信息，传统核仪器会通过特定的电路来对信号进行分类处理，最后给出测量分析结果。

传统核辐射测量仪器处理的是模拟信号，而核辐射数字测量系统处理的对象则是数字信号。模拟信号主要是与离散的数字信号相对的连续信号。模拟信号分布于自然界的各个角落，如每天温度的变化。而数字信号是人为抽象出来的在时间上的不连续信号。电学上的模拟信号主要是指振幅和相位都连续的电信号，此信号可以与类比电路进行各种运算，如放大、相加、相乘等。数字信号是离散时间信号的数字化表示，通常可由模拟信号获得。模拟信号是一组随时间改变的数据，如某地方的温度变化、汽车在行驶过程中的速度、电路中某节点的电压幅度等。有些模拟信号可以用数学函数来表示，其中时间是自变量而信号本身则作为因变量。离散时间信号是模拟信号的采样结果：离散信号的取值只在某些固定的时间点有意义（其他地方没有定义），而不像模拟信号那样在时间轴上具有连续不断的取值。若离散时间信号在各个采样点上的取值只是原来模拟信号取值(可能需要无限长的数字来表示)的一个近似,那么我们就可以用有限字长(字长与近似精度有关)来表示所有采样点取值,这样的离散时间信号称为数字信号。将一组精确测量的数值用有限字长的数值来表示的过程称为量化。从概念上讲,数字信号是量化的离散时间信号,而离散时间信号则是已经采样的模拟信号。

数字化就是将许多复杂多变的信息转变为可以度量的数字、数据,再以这些数字、数据建立起适当的数字化模型,把它们转变为一系列二进制代码,引入计算机内部,进行统一处理,这就是数字化的基本过程。数字化将任何连续变化的输入,如图画的线条或声音信号,转化为一串分离的单元,在计算机中用“0”和“1”表示。通常用模/数转换器执行这个转换。

同样地,要实现核辐射的数字化测量与分析,也需要获取核辐射脉冲信号中的各种信息,只不过不采用模拟电子学硬件,而是将核辐射脉冲直接转换为数字信号,通过软件和算法来提取其中蕴含的各种信息。具体做法是,采用虚拟仪器的设计方法,利用高速数据采集卡,直接将核辐射探头的测量信号(模拟信号)转换为数字信号,然后将传统的模拟电子学插件的一系列处理(基线扣除、低通滤波、脉冲成形和幅度分析等)用软件代替。也就是说,将传统的模拟测量系统转变成数字测量系统(除了必要的物理辐射探头、电源和数据采集卡),建立虚拟仪器系统。

早在 20 世纪 40 年代,香农证明了采样定理,即在一定条件下,用离散的序列可以完全表示一个连续函数。就实质而言,采样定理为数字化技术奠定了理论基础。

由采样定理,为了使采样后输出的离散序列信号能无失真地复原输入信号,必须使采样频率 f_s 至少为输入信号最高频率 f_{max} 的两倍,否则会出现频率混淆误差。实际系统中,为了保证数据采样精度,一般有下列关系:

$$f_s = (7 \sim 10) f_{max}$$

式中:f_s 为采样频率;f_{max} 为信号最高频率。

信号的数字化需要三个步骤,即抽样、量化和编码。抽样是指用每隔一定时间的信号样值序列来代替原来在时间上连续的信号,也就是在时间上将模拟信号离散化。量化是用有限个幅度值近似原来连续变化的幅度值,把模拟信号的连续幅度变为有限数量的有一定间隔的离散值。编码则是按照一定的规律,把量化后的值用二进制数字表示,然后转换成二值或多值的数字信号流。这样得到的数字信号可以通过电缆、微波干线、卫星通道等数字线路传输。在接收端则与上述模拟信号数字化过程相反,再经过后置滤波又恢复成原来的模拟信号。

二、数字化的特点

1. 数字化的优点

(1) 数字信号是加工信号。加工信号对于有杂波和易产生失真的外部环境和电路条件来说,具有较好的稳定性。可以说,数字信号适用于易产生杂波和波形失真的录像机及远距离传送使用。数字信号传送具有稳定性好、可靠性高的优点。根据上述的优点,还不能断言数字信号是与杂波无关的信号。

数字信号与模拟信号相比,受外部杂波的影响较小,但是它对被变换成数字信号的模拟信号本身的杂波却无法识别。因此,将模拟信号变换成数字信号所使用的模/数(A/D)变换器是无法辨别图像信号和杂波的。

(2) 数字信号需要使用集成电路(IC)和大规模集成电路(ISI),而且计算机易于处理数字信号。数字信号还适用于数字特技和图像处理。

(3) 数字信号处理电路简单,它没有模拟电路所需的各种调整,因而电路工作稳定,技术人员能够从日常的调整工作中解放出来。

例如,在模拟摄像机里,需要使用100个以上的可变电阻。在有些地方调整这些可变电阻的同时,还需要调整摄像机的摄像特性。各种调整彼此之间又相互有微妙的影响,需要反复进行调整,才能够使摄像机接近于完美的工作状态。在电视广播设备里,摄像机还算是较小的电子设备。如果摄像机100%的数字化,就不需要调整了。对厂家来说,这降低了摄像机的成本;对电视台来说,不需要熟练的工程师,还缩短了节目制作时间。

(4) 数字信号易于进行压缩。这一点对于数字化摄像机来说是主要的优点。

2. 数字化的缺点

(1) 数字化处理会造成图像质量、声音质量的损失。换句话说,经过模拟→数字→模拟的处理,会使图像质量、声音质量有所降低。严格地说,模/数转换过程必定伴随着信息损失。

(2) 模拟信号经数字化后的信息量会爆炸性地增长。为了将带宽为f的模拟信号数字化,必须使用约为$(2f+\alpha)$的频率进行取样,而且图像信号必须使用8b(比特就是单位脉冲信号)量化。具体地说,如果图像信号的带宽是5MHz,至少需要取样$1.3\times10^7\sim1.4\times10^7$次(13~14兆次),而且需要使用8b来表示数字化的信号。因此,数字信号的总数约为每秒1亿比特(100Mb)。且不说这是一个天文数字,就其容量而言,对集成电路来说,也是难于处理的。因此,这个问题已经不是数字化本身的问题了。为了提高数字化图像质量,还需要进一步增加信息量,这就是数字化技术需要解决的难题,同时也是数字信号的基本问题。

第二节　系统结构及总体设计

核辐射数字信号采集及分析系统的功能是将探头产生的核辐射测量信号，通过数据采集卡及计算机进行数据采集、显示和数据处理。

一、系统工作原理

1. 系统组成

整个系统分为硬件平台和软件平台两个部分。核辐射数字测量系统的硬件平台由探头、数据采集卡、计算机构成，使用 PCI 接口总线将数据采集卡内置在计算机中。采用 LabVIEW 构建软件平台来实现各种核仪器的测量功能。软件平台是核心部分，它能对信号进行处理、分析并在计算机上显示结果。该系统的核心技术是将常用核仪器的某些硬件电路由软件实现。整个系统的大体结构如图 3.1 所示。

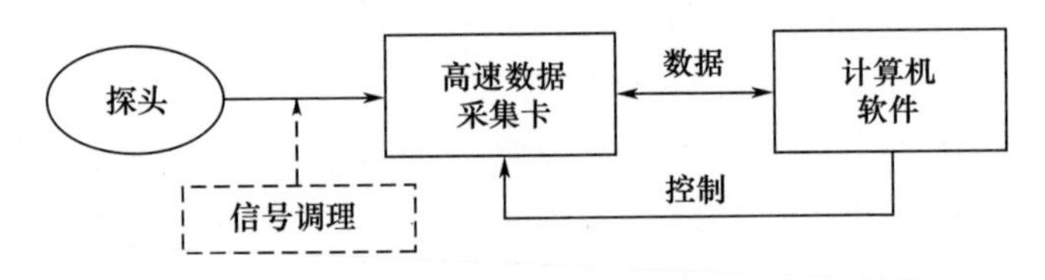

图 3.1　系统结构示意图

系统的工作流程是：探头探测到粒子，产生的信号脉冲由数据采集卡采集，存入缓存，由软件读取到计算机内存并进行分析处理，将结果通过输出设备输出。整个流程期间数据采集卡的工作模式由计算机软件控制并实现。其中，信号调理模块是个备选件，放大倍数可以根据需要进行设置调节，主要作用是提高信号的信噪比以及提高数据采集时的转换精度。这里信号调理模块和数据采集卡都是通用硬件设备，通过接口与计算机相连。严格来讲，整个数字测量与分析系统与探头无关，可以根据不同的辐射测量目的，在前端更换不同的辐射探头，然后在软件工作模式或算法上给予调整，即可得到相应的测量结果。

要构建数字测量系统，对核辐射脉冲波形进行实时采样是首要任务。在此采用数据采集卡是非常有效和经济的。数据采集卡具有多种工作模式：①进行实时采集，这时计算机对数据卡发出指令，数据卡中的 ADC 转换器工作进行数据采集，采集来的数据进入缓冲存储，供计算机调用；②通过数据采集卡的定时器进行定时采样，采集来的数据可用于时间测量；③作为计数器用来测量输出脉冲的个数。数据采集是虚拟仪器获取数据的主要方法，用数据采集卡采集信号时得到一组离散的信号值，将信号值存放在数组中，经过信号分析和处理运算后，通过图形显示控件在计算机显示器上逐点显示并连线，即可实现被测信号的实测显示。信号采集卡包括多路开关、放大器、采样/保持器和模/数转换器，因此它可以替代核仪器系统中的前置放大器、滤波成形、放大、模/数变换等电子设备。要完成常用核测量仪器系统的虚拟设计，信号采集卡是必需的设备，其性能指标决定了虚拟系统的性能。对于不同的信号，传统核仪器里要使用不同的电路设备进行采集，在虚拟仪器系统中只需要利用不同的软件通过计算机控制数据采集卡就可以实现。得到这些数据后就可以利用计算机强大的数据处理功能对信息进行分析处理，然后通过打印机或其他设备输出结果。整个测量过程都可以利用软件进行监控达到自动化测量的目的。

2. 数据采集卡的选择

数据采集系统是虚拟仪器的重要组成部分，它应具备高速采样、多方式触发、存储数据以及与计算机之间交换数据的能力，数据采集系统的精度和速度，影响着仪器的整体性能。

数据采集电路一般由高速采集电路、触发电路、存储电路和功能控制电路组成。数据采集系统的采集速率取决于以下因素：输入的模拟信号的最高频率 f_{max}（当多路开关 MUX 的通道为 N 时，ADC 转化器的工作频率 $f > 2Nf_{max}$）；MUX（多路开关），IA（测量放大器）及 SHA（采样保持器）的响应时间；当采用程序控制输入、输出时，CPU 将 ADC 采集的数据传到内存所需的时间。系统速率的上限可以用下式近似估计：

$$f_0 = \frac{1}{t_1 + t_2 + t_3}$$

式中：t_1 为 ADC 转化时间；t_2 为 MUX、IA、SHA 等部件的响应时间；t_3 为数据传输时间。

显然，要高速采集数据，首先应选用高速的 ADC 器件，以使 t_1 最小，再适当选取 MUX、IA、SHA 等可以进一步减小 t_2；在程序控制输入输出时，每次 ADC 转换结束之后，CPU 还要将数据送到内存去。通常 CPU 控制的数据采集过程是将采集的数据从 I/O 端口取至累加器，然后再转至内存，因此 t_3 和 CPU 的处理速度、计算机接口总线及传输方式有关。所以，高速数据采集系统关键的技术是高速模/数转换技术、数据的存储与处理技术、总线接口技术、抗干扰技术和信号调理技术等。

模/数转换器功能包括信号的采样、量化和编码，它主要有以下技术指标：

（1）分辨率：分辨率越高，转换时对输入模拟信号变化的反应就越灵敏。分辨率一般用数字量的位数来表示，如 8 位或 12 位。

(2) 量程:所能转换的电压范围,如5V,10V等。

(3) 转换时间:完成一次模/数转换所需要的时间。

传统的数据采集系统是基于ISA总线设计的,但由于ISA总线带宽的限制,无法满足高速数据传输的要求,PCI局部总线的引入,打破了数据传输的瓶颈,以其优异的性能和适应性成为微机总线的主流,基于PCI总线的数据采集系统是高速数据采集的发展方向。在充分调研的基础上选择了NI公司的PCI5122通用数据采集卡。其特性如下:2通道,256MB存储器,14位分辨率,100MHz实时采样率,100MHz带宽,50Ω或1MΩ输入阻抗,200mV~20V量程,75dBc动态范围,62dB信噪比,驱动软件NI-SCOPE。它是一块完全即插即用的PCI数据采集板,板上没有任何开关、跳线,或电位器,板上的所有地址、中断、通道全部由软件设置,甚至由数字电位器调节的板上校验亦可由软件完成。

由于核脉冲信号是随机分布的快脉冲信号,脉冲信号上升时间很短,仅为0.5~8μs,甚至更短。低速数据采集卡的采样频率无法采到如此快速的脉冲信号,无法满足核脉冲信号采集的要求,而NI公司的PCI-5122数据采集卡模数转换速度快,采样频率高达100MHz,对于核物理实验中产生的尖顶快脉冲信号,可以顺利采到整个尖顶脉冲波形。其波形形状清楚,尖顶脉冲的顶部都可以采到大量数据点。其14b的分辨率可以提供足够道的数据谱分析,能够满足多道脉冲分析的要求。

PCI-5122技术指标稳定,能满足核测量的基本要求。此卡为PCI总线,将其直接插入台式电脑主机箱内,与开发出来的软件一起构成整个核辐射数字测量系统。

3. 计算机配置的选择

计算机是一般的PC机及有关附件(如打印机等外设),是硬件平台的核心,PC机的迅速发展使得虚拟仪器的能力得到极大的提高。虚拟仪器技术的核心为:以计算机作为仪器的统一硬件平台,充分利用计算机独具的运算、存储、回放、调用、显示以及文件管理等智能化功能,同时把传统仪器的专业化功能和仪器面板与计算机结合,融为一体,这样便构成一台从外观到基本功能都完全与传统硬件化仪器相同,同时又享有计算机智能资源的全新仪器系统。由于这种仪器的专业功能和面板控件都是由软件形成,即产生"软件即仪器"的虚拟仪器技术。

二、系统软件系统设计

1. 软件开发工具的选择

给定了计算机的运算能力和必要的仪器硬件后,核辐射数字测量系统的技术关键就是应用软件,应用软件为用户提供仪器硬件接口、数据的分析处理、表达及图形化的用户接口。

虚拟仪器技术的应用软件,应该具备三个主要功能:集成的开发环境、与仪器硬件接口的驱动程序、虚拟仪器的用户界面。虚拟仪器的应用软件由用户编制,可以采用各种编程软件,如 C、BASIC、LabVIEW 等。

计算机的编程技术从最早的机器码、汇编语言,到如今的高级语言,是遵循从难到易的方向发展的。目前比较流行的虚拟仪器软件开发环境主要有两大类:一是文本式的编程语言,如 Visual C + + 、Visual BASIC、Delphi、LabWindows/CVI 等软件,这些软件具有编程灵活,运行速度比较快的特点;二是图形化软件设计工具,具有代表性的有美国 HP 公司的 VEE 开发工具,NI 公司的 LabVIEW/G 软件。

(1) Visual C + + 是微软公司开发的基于可视化技术的开发平台。可视化技术包含两个方面的含义:一是软件开发阶段的可视化编程,它使编程工作成为一件轻松愉快、饶有兴趣的工作;二是利用计算机图形化技术和方法,对大量数据进行处理,并用图形图象的方式形象而具体的加以显示。Visual C + + 开发虚拟仪器完美地体现了以上两点,它采用非常巧妙的方法将 Windows 编程的复杂性封装起来,使编程人员轻松进入编写 Windows 下的应用程序开发。

(2) HP 公司的 VEE 开发平台也是一种优秀的图形化编程语言,它大大提高了对大型复杂测控系统的开发效率。这种图形化软件开发平台可支持的计算机操作系统有 Windows、HP - UX 等,具有丰富的仪器支持模块,以及调用其他计算机语言程序模块的功能。

(3) LabVIEW 是美国 NI 公司研制的图形化编程语言,主要包括数据采集、控制、数据分析、图形化显示等功能。它以图形方式组装软件模块,生成专用的仪器。LabVIEW 由前面板、流程方框图、图标/连接器组成。其中前面板是用户界面,流程图是虚拟仪器的源代码,图标/连接器是调用接口(Calling Interface)。流程方框图包括输入/输出(I/O)部件、计算部件和子虚拟仪器功能部件,它们用图标和数据流的连线表示;I/O 部件直接与数据采集板、GPIB 板或其他板进行外部物理通信;计算机部件完成数学或其他运算与操作;子虚拟仪器功能部件调用其他虚拟仪器。

在本书中,采用的是 NI 公司的 LabVIEW/G 图形化编程语言。该语言是目前应用最广、发展最快、功能最强的一种图形化软件开发集成环境。它作为虚拟仪器应用程序的开发平台,避免了复杂、烦琐、费时的文本式编程语言,而代之以图形化的软件设计方法。LabVIEW/G 支持的数据类型有数值型、文本型、布尔型、字符串型等,它还支持顺序、循环、条件等结构框架。另外,在 LabVIEW/G

平台中集成了很多的仪器硬件库，如 GBIP、VXI、PXI、RS－232/485 协议、插入式数据采集卡（DAQ）、A/D 转换器、D/A 转换器、信号调理等。

利用 LabVIEW/G 进行编程，用户不必掌握丰富的编程知识。只需了解系统测试的目的与顺序，就可以构建应用程序。利用 LabVIEW 软件平台进行虚拟仪器应用程序的开发，可以提高编程效率、缩短开发时间，因此 LabVIEW 成为目前自动测试领域研究的一个热点。

2. LabVIEW 软件介绍

LabVIEW（Laboratory Virtual Instrument Engineering Wordbench）是实验室虚拟仪器开发平台的简称。它是美国公司 20 世纪 80 年代推出的一种基于图形开发、调试和运行程序的集成化环境，是第一个借助于虚拟前面板用户界面和方框图建立虚拟仪器的图形程序设计系统，也是目前国际上唯一的编译型图形化编程语言。在以 PC 机为基础的测、控软件中，LabVIEW 占有了较重的市场份额。LabVIEW 面向仪器控制、测量检测、工业监控，通过鼠标操作、菜单提示、选择功能（图形），并用线条把各种功能（图形）连接起来，就可实现编程。在 LabVIEW 中编程就象在画流程图，流程图画好了，编程也就基本完成，其编程过程符合思维过程，容易被多数工程师和技术人员接受。

1）LabVIEW 开发平台的特点

（1）丰富的数据显示方式。LabVIEW 使用“所见即所得”的可视化技术建立人机界面。针对测试测量和过程控制领域，LabVIEW 提供了虚拟仪器前面板上所必需的大量显示或控制对象，如表头、表盘、旋钮、图表等及多种结果显示方式，以及数字显示、模拟仪表显示、极坐标显示、时域波形显示、频谱图形显示等。用户可以根据实际需要进行显示方式的选择与配置，也可以对显示空间进行必要的修饰。

（2）多种数据类型和函数库。由于 LabVIEW 一般用于自动测试领域，因此，它不仅拥有通用数据类型（如整型、实型、字符串型等），而且也拥有一些操作的特殊数据类型（如复数类型、直角坐标类型、极坐标类型、时域数据类型、频谱数据类型）。用户在进行系统的图形化编程时，通常不用考虑数据类型的转换和统一，绝大多数图形化控件都具有数据类型自动识别与转换功能。

（3）复杂的数学分析能力。LabVIEW 提供了多数数学运算函数和信号处理函数，也提供了某些专业领域的统计函数和控制函数，这些函数大大方便了用户的各种分析与处理工作。除此之外，用户也可以自己创建函数。对于某些非常复杂的数学运算要求，用户可以将 LabVIEW 连接到其他的应用软件（如 Matlab 等）中，以实现所需要的运算和处理。

（4）灵活的数据报表生成方式。LabVIEW 一般是以数据文件的形式存储监测与分析结果的,它本身也包含了丰富的数据报表格式。如果需要生成的数据报表格式非常复杂,可以通过接口将数据输出到 Excel 等专用电子表格软件中,由 Excel 完成报表的生成与统计工作。

(5) 虚拟仪器的接口。对于 LabVIEW 而言,最终的对象往往是具体的测试仪器,因此必须提供具有可扩展性的、开放性的虚拟仪器接口。有些图形化编程软件提供了仪器面板方式,数据可以在虚拟面板上显示并通过虚拟面板控制仪器。当然,这种虚拟面板必须是事先设计好的,自动测试系统中所集成的虚拟仪器必须包含在虚拟面板库中,还不具有真正的可扩展性。因此,LabVIEW 平台中还提供了基于 VXI 中线即插即用规范(Plug&Play)等仪器接口。

(6) 开放式的开发平台。LabVIEW 提供了对对象的链接和嵌入(Object Linking and Embedding,OLE)的支持,也提供动态链接库(Dynamic Link Library,DLL)接口和接口代码节点(Code Interface Node,CIN)接口,用户可以在平台上调用其他软件平台编译的模块。另外,LabVIEW 还支持 TCP/IP、DDE、LAC 等网络功能。

(7) 强大的查错、调用功能。LabVIEW 程序查错无须先编译,只要有语法错误,就会自动显示,并给出错误的类型、原因及准确位置。进行程序调试时,可以在任何位置插入任意多的数据探针,运行程序时,LabVIEW 会给出各探针的具体数值,通过观察数据流的变化、程序运行的逻辑状态,寻找错误,可大大减少程序调试的时间。

(8) LabVIEW 支持多种平台。在 Windows NT/9X/2000/XP/3.1、Power Macintosh、HP - UX、SUN SPARC、Concurrent Computer Corporation 的实时 Unix 系统平台上,NI 公司提供了相应版本的 LabVIEW,并在任何一个平台上开发的 LabVIEW 应用程序都可直接移填到其他平台上。

(9) LabVIEW 内置了程序编译器。它采用编译方式运行 32 位的应用程序,这就解决了其他按解释方式工作的图形化编程平台运行速度慢的问题,其运行速度与编译 C 的速度相当。

2) LabVIEW 组成部分

所有 LabVIEW 程序(即虚拟仪器程序 VIS)都由三部分组成:前面板、框图程序、图标和连接。

前面板(Front Panel):虚拟仪器图形化的用户界面,主要用来操作仪器、提供主要的测试及测试功能、输入设置参数、输出数据结果等。由于虚拟仪器前面板是模拟真实仪器的控制面板,因此称前面板上的输入量为控制(Controls),输出量为指示器(Indicators)。

LabVIEW 提供了旋钮、按钮、图表、开关等控制,以及表头、表盘、指示针等指示器,这些控制和指示器统称为控件,它们是 LabVIEW 平台与用户的接口界面。

图 3.2 所示为 LabVIEW 前面板上的 Contral(控件)→Numeric(数值输入控件)控件模块。

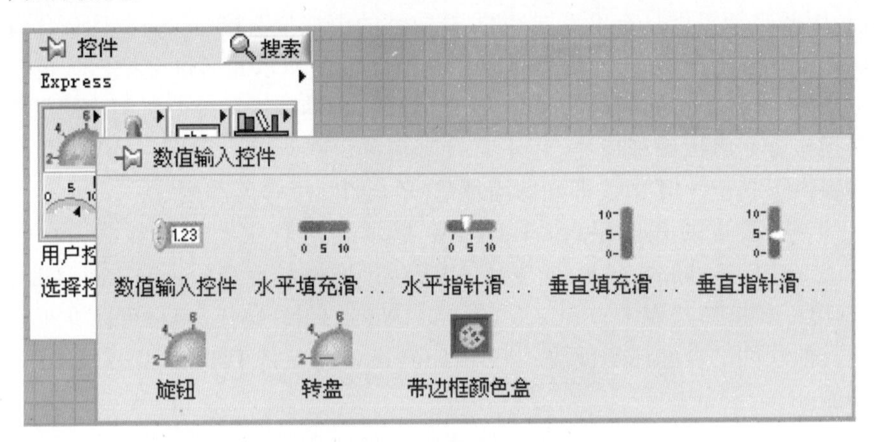

图 3.2 LabVIEW 前面板控件模块

框图程序:虚拟仪器系统的每一个前面板都对应有框图程序,同样,每一个前面板控件都有一个框图图标或功能模块与之对应。框图程序其实就是 LabVIEW 的程序代码,不过它是用图形化编程语言(G 语言)编写的。

框图程序由节点(Nodes)和数据连线(Wire)组成,节点是程序中的执行元素,类似于文本编程语言程序中的语句、函数、子程序,节点之间由数据连线按照一定的逻辑关系连接,这种数据连线定义了框图程序内的数据流动方向。

图标和连接器端口(Icon/Terminal):将一个虚拟仪器系统变成一个子系统,然后被其他的虚拟仪器程序调用。图标作为子系统的直观标记,代表着该子系统中所有的框图程序和前面板控件;连接端口描述了该子系统与调用它的虚拟仪器之间进行数据交换的输入输出端口,每一个输入输出口分别与子系统前面板上的控件相对应。连接端口通常隐藏在图标中。

3. 模块化设计在 LabVIEW 中的应用

LabVIEW 的以下特点可以实现面向对象的编程:LabVIEW 继承和发展了结构化和模块化程序设计的概念,因此虚拟仪器是分层次和模块化的,既可以把任意一个虚拟仪器当做顶层程序,也可将其当作其他虚拟仪器或自身的子程序,这样用户就可以把一个复杂的应用任务分解成一系列的、多层次的子任务,通过为每一个子任务设置一个子虚拟仪器,并运用方框图把这些子虚拟仪器进行组合、修改、交叉和合并等处理,最后建成的顶层虚拟仪器就成为一个包括所有应用功能子虚拟仪器的集合。

在利用 LabVIEW 实现面向对象编程的过程中,应该解决以下问题:如何表示或组织面向对象中的类,如何实现类中的属性、方法,如何复用、继承已经定义过的类,在类之间如何发送、接收消息。解决了以上问题,也就实现了在 LabVIEW 平台上进行面向对象的编程。下面就解决方法做介绍。

1）结构、属性、方法的实现

结构、属性、方法的实现可分三步完成:

(1) 生产方法级子虚拟仪器,其中方法级子虚拟仪器是指实现类中方法功能的子程序。在生成这类子程序后,就把类中的方法转换成 LabVIEW 程序。具体实现按 LabVIEW 编程机制进行。

(2) 把属性用类一级的子虚拟仪器前面板上的可实现各种数据结构的控件和显示对象来表示。

(3) 生成类一级的子虚拟仪器,其中类一级的子虚拟仪器是指封装整个类的一个子程序。因此,这些类一级的子程序需要把类中各个方法及属性封装起来。

封装时采用了虚拟控件的方式来完成。对 LabVIEW 诸种控制对象的相应部位或结构赋予功能(指类中的各种方法)就形成了虚拟控件。虚拟控件把类中的方法和 LabVIEW 的控制对象如(开关、旋钮、按钮等)有机地融合于一体,使在 LabVIEW 中类的实现和使用方便可行。在形成虚拟控件之前,应根据类中方法的多少来选择作为相应框架的控制对象,方法多的需选择结构参数复杂的控制对象。

2）复用、继承已经定义过的类

由于 LabVIEW 本身是模块化编程,所以给类的复用和继承提供了便利条件。只需把类的复用、继承转换成类中方法的复用与继承,即各个方法级的子虚拟仪器模块的复用与修改,就把 LabVIEW 中的模块化概念和面向对象中的复用、继承统一起来了。

在 LabVIEW 中,通过数据流来控制各个子程序之间的流程。各个子程序之间如函数调用一样,达到响应消息、互相通信的目的。

4. 基于 LabVIEW 的虚拟仪器设计方法

(1) 制定总体方案。通观全局,分析系统的功能,设计出最佳方案。

(2) 建立前面板。从控件模板(Control Palette)中选择需要的控件,将其放在前面板上。在虚拟仪器系统工作时,可以利用这些控件来控制整个虚拟仪器系统。

(3) 构建图形化的流程图。从功能模板(Function Palette)上选择功能节点，将其放在框图程序中。功能节点包括数学运算函数、数据采集函数和分析方法、网络和文件输入输出函数等。

(4) 数据流的程序设计。利用线条将功能节点的输入输出按照一定的规则连接起来。由于虚拟仪器程序的执行顺序由各模板中的数据流决定，因此可以创建同步操作的程序数据流。

(5) 模块化和多层次结构。LabVIEW 实行的是模块化的程序设计，因而任意一个虚拟仪器程序既能独立运行，又能被别的系统当作子程序调用。可以根据需要将某个虚拟仪器模块建成子程序，从而设计出多层系统，并可以改变它的功能，以满足同其他程序连接时不断变化的应用需求。

(6) 图形编程器。对一个软件系统来说，程序的运行速度是非常关键的。利用子程序内置的绘图器，可以对程序的代码进行分析和优化，以缩短程序运行的时间，提高工作效率。

三、核辐射数字测量系统软件系统的设计

核辐射数字测量系统包括计算机、虚拟仪器软件、硬件接口模块等，其中硬件仅仅是为了解决信号的输入和输出，软件才是整个系统的关键。应用程序相当于一个总体控制模块，负责控制子虚拟仪器的顺序，接收用户输入并调用相应的子虚拟仪器的功能。虚拟测试系统就是一个个子虚拟仪器进行组合、交叉和合并等处理，最后建成顶层虚拟仪器。核辐射数字测量系统软件系统结构如图 3. 3所示。

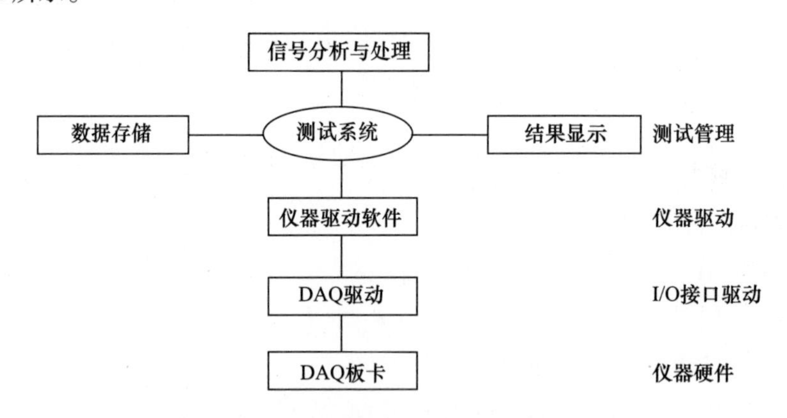

图 3. 3　核辐射数字测量系统软件系统结构图

1. 系统测试功能模块

测试功能模块是一个特殊的软件组件，本系统功能模块主要有参数确认、数据采集与存储、数据显示、数据处理、结果显示模块等，其内在的关系如图 3. 4

所示。

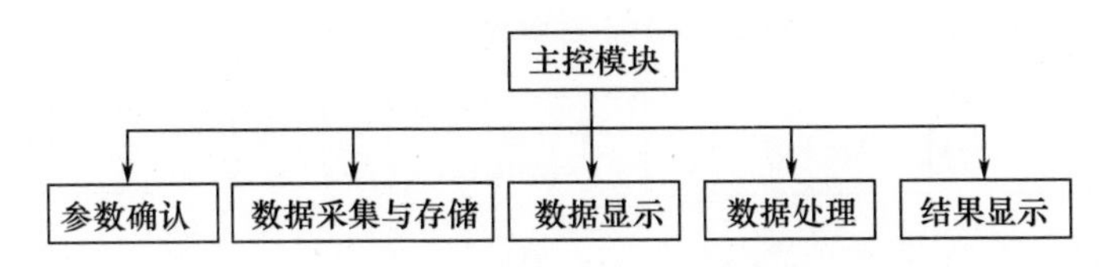

图 3.4 核辐射数字测量系统功能模块结构图

2. 仪器驱动层

仪器驱动层是测试系统的重要组成部分之一,是真正对仪器硬件执行通信与控制的软件层。本系统驱动程序使用的是按模块化设计的应用软件自带的驱动程序。

3. I/O 接口驱动层

I/O 接口软件是测试系统软件的基础,是用于处理计算机与仪器硬件间连接的底层通信。本核辐射信号数字测量系统使用的是 LabVIEW 软件内设计好的标准化的 I/O 接口驱动程序。

本核辐射信号数字测量系统功能是采用 LabVIEW 开发工具来开发的,可以实现以下功能:

(1) 数字化、图形化显示当前的核辐射波形数据。

(2) 可同时对 2 个探测器进行数据测试,实时显示 1 个或 2 个探测器测量的核辐射波形曲线。

(3) 采样频率在 0 ~ 100MHz 范围内可由用户根据实际情况自己设置。

(4) 对测得的数据可以进行波形回放,任意段可放大分析。

(5) 对波形曲线图形进行打印和预览。

4. 数据分析方法

传统核电子学谱仪系统通常采用的分析方法是将前置放大器输出的信号输入放大器进行滤波成形、线性放大、基线恢复、堆积拒绝等一系列处理,然后经过信息甄别电路再送入模数转换电路,最后数据获取和处理单元获取数据,分析得到计数或者谱图,其流程如图 3.5 所示。

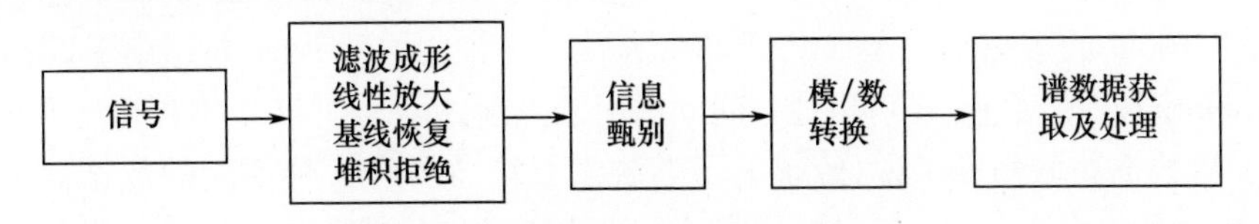

图 3.5 传统核电子学系统分析方法

而数字测量系统的分析方法则是将前放输出的信号直接输入,由数据采集卡转换为数字信号，然后经过计算机软件进行除噪、信息提取等一系列处理，形成包含强度、幅度、时间等参数的辐射测量谱，如图 3.6 所示。

图 3.6 数字测量系统分析方法

数字测量系统分析方法不像传统方法，每获取一种信息都需要相应的一套电子学器件，它通过软件对脉冲信号进行全面分析，可以提取幅度、时间、波形等多种信息，并且可以综合利用这些信息进行测量结果分析，具有极大的优越性。下面结合传统的分析方法来说明数字测量与分析方法的优越性。

在传统测量中，为提高信号噪声比，减少信号堆积，谱仪放大器中设有参数可调的滤波成形电路，往往采用一次微分和三次到四次积分的滤波成形电路。但是，微分电路又带来了脉冲通过后的下冲现象，所以又引入了极—零相消电路。另外，高计数率工作时会引起能谱的畸变(脉冲堆积)，其使能谱峰位移动及能量分辨率变坏。为了解决高计数率工作时的基线漂移和信号堆积问题，加入了基线恢复和堆积拒绝电路。堆积拒绝技术，通常是计算两个峰信号的时间间隔是否过小，判别堆积是否发生，然后把发生峰堆积的信号剔除，不予放大和记录。用时间间隔作为判别堆积方法，还不能用来区分两个信号相距十分近的信号是否发生堆积(由于电路本身的分辨能力局限)。在时间判别方法后，对于相距特别近的信号堆积，又发展了幅度拒绝方法来加以判别，用这一种方法判别信号的堆积，可判别脉冲间隔在几十纳秒的信号堆积，但对于接近完全重合信号仍然无法判别。而且，幅度拒绝方法对于测量对象为不同能量的辐射射线有极大的局限性。

作为数字测量与分析方法，首先直接将前置放大器输出的脉冲信号转换为数字信号，通过软件进行滤波、信息提取等处理，没有硬件电路，所以不存在极—零相消、基线恢复等问题；而且滤波后，结合幅度、波形、时间前沿等判断手段，更好地限制了无效信号或噪声的进入；对于脉冲堆积问题，通过波形特征识别，判断是否后沿堆积，进行分割计算，后一个脉冲经过校正计算，可以提高数据利用率，以 100M 的数据采集卡来说，其堆积判断的下限已达到 30ns；对于小于 30ns 的后沿堆积和前沿堆积，还可以通过时间前沿来判断，远远优于传统堆积拒绝方法。

从数据获取角度来说，传统电子学测量系统主要有三种不同的数据获取方式：脉冲幅度分析方式、多定标器方式、列表方式。不同的数据获取方式分别对应着不同的输入获取电路和软件，实现不同的应用目的。而数字测量与分析方法中，直接将脉冲信号进行精密采样，通过软件进行数据处理，这实际上包含了以上三种方式。数据处理时只提取脉冲幅度,然后进行分布统计,这是脉冲幅度分析方式,对应着能谱分析等应用;数据处理时将每个脉冲波形数据全部保留,进行分析,这是列表方式,目的是进行多参数幅度分析;数据处理时并不对脉冲幅度进行分析,而是按时间顺序测量各段时间间隔内的核辐射脉冲计数,并依次把测量结果存入存储单元内,分析脉冲计数率和时间的关系,这就是多定标器方式,具体应用包括放射性核素的衰变曲线、核反应堆的动态特性和穆斯堡尔谱的测量等。

传统测量系统一般针对不同的辐射类型配备不同的探测器以及相应的电子学器件,核辐射测量任务单一、种类繁多、硬件规模庞大,而数字测量与分析系统由于可以进行多参数(脉冲信号的幅度、计数、脉冲间隔、波形、上升时间等)的同步测量,综合利用这些信息,结合多辐射响应探测器,不但可以完成单一辐射类型的测量分析任务(能谱分析、强度分析等),还可以同时进行多辐射类型的并行测量分析,如波形甄别、粒子鉴别等;系统不仅可以按照传统工作方式进行单参数测量及分析,而且由于相关信息可以来自同一载体(信号),因此对数据中不同信息的相关分析也将成为可能。

综上所述,数字测量与分析技术通过对核辐射脉冲信号进行全面分析,提取幅度、时间、波形等多种信息,综合利用这些信息进行测量分析,提高测量的准确性和数据分析能力,能够部分解决传统方法不能解决的问题,具有极大的优越性和发展潜力。

第四章　核辐射脉冲数据的采集

数据采集模块是系统的一个重要组成部分,在该模块中,程序利用系统设置模块中关于数据采集卡的设置参数对数据采集卡进行操作,将数据采集卡采集到的数据显示到数据采集程序前面板上以及存储到 PC 机硬盘中。

第一节　数据采集系统的基本组成

虚拟仪器的核心是计算机,它只能处理时间离散、幅度离散,而且按一定的规则编码的数字信号,而目前使用的传感器输出的大都是时间连续、幅度也连续的模拟信号。因此,用虚拟仪器测量时,必须要先将模拟信号转换成数字信号,然后再进行信号处理和分析。实现模拟量转换成数字量的电路系统被称为数据采集系统,其中的最重要的器件是模/数转换器。

数据采集系统常由包括放大器、滤波器等在内的信号调理电路、采样/保持电路、模/数转换器和接口控制逻辑电路组成。图 4.1 给出了数据采集系统的典型构成方式。各部分功能简要介绍如下:

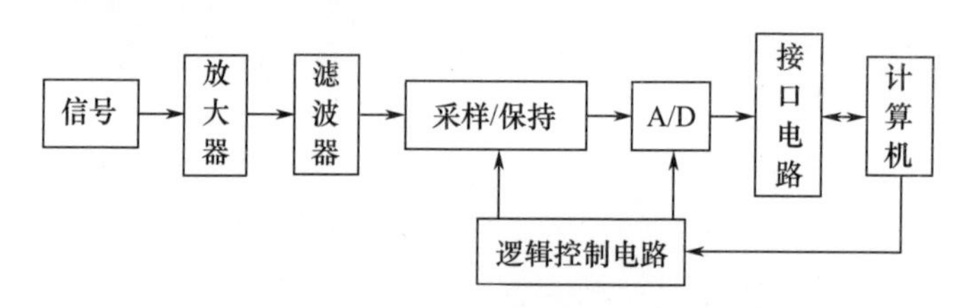

图 4.1　典型的数据采集系统结构

(1) 信号调理电路,内容极为丰富的各种电路的综合名称。对于一个具体的数据采集系统而言,所采用的信号调理技术及其电路,由传感器输出信号的特性和后续采样/保持电路(或模/数)的要求来决定。

(2) 采样保持电路,由于模/数转换过程需要一定时间,如果在转换过程中输入信号的电平有了改变,则转换结果与指定瞬间的模拟信号间便有较大的误差。为了保证转换的精度,需要在模拟信号源与模/数转换器之间接入采样/保持电路,在模/数转换之前处于采样模式,使输出跟踪输入;在模/数转换期间处于保持模式,使输出保持不变。

(3) 模/数转换器,数据采集系统中的核心器件,它把模拟输入转换成数字输出。模/数转换器最重要的指标是它的转换精度和转换速度。

(4) 接口及逻辑控制电路,由于模/数转换后所输出的数字信号无论在逻辑电平还是时序要求、驱动能力等方面与计算机的总线信号可能会有差别,直接把模/数转换器的输出送至计算机总线上往往是不行的,必须在两者之间加入接口电路以实现电路参数匹配。逻辑控制电路受控于计算机,产生一定时序要求的逻辑控制信号,控制数据采集系统的各个部分按照规定的动作次序进行工作。

第二节　数据采集卡的设置

数据采集模块界面分为数据采集设置、采集控制、谱图实时显示、简单结果分析等几个部分。

数据采集设置中可设置数据采集的通道、采样频率、采集模式(连续或单次)、外触发模式及触发阈值。此系统可采集正负双极性脉冲信号。

波形图表显示部分实现了双极性脉冲的采样数据实时显示,其横轴为时间点,纵轴为脉冲辐度值。

采集控制中可选择手动采集控制模式或定时采集控制模式。默认状态为手动控制模式,如用户按下定时按钮则为定时采集状态。在时间输入控件中可设置定时采集的时间。在定时状态下,用户也可通过停止按钮提前停止数据采集,否则将在采集时间达到预设定时间后自动停止数据采集。在手动控制状态下,则只有在用户按下停止按钮时才会停止数据采集。因此在程序实现中,如果是定时控制状态,则将当前采集时间和预设定时间值比较,若小于预设的时间值并且停止按钮为抬起状态时,则数据读取循环继续。否则,若上述两个条件有一条不满足,则停止数据读取循环,向数据采集卡发出停止采集命令。

数据采集模块最大的难点在于如何在尽量减少死时间的前提下提高数据采集的速度。在核物理实验中产生的主要是时间和幅度都随机分布的快脉冲信号,脉冲信号的上升时间很短,一般为0.5 ~ 8μs,这就要求数据采集的采样率要达到几兆赫、几十兆赫甚至是上百兆赫,否则就可能漏记若干脉冲信号,使得结果误差较大。采样率的提高取决于两个方面:一是硬件方面,要求数据采集卡的采样率要达到要求;二是软件,硬件的采样率够了,同时采集的数据量也是成倍的增加,对数据采集和处理软件的要求就更高了,若数据处理的速度跟不上数据采集的速度，就会造成数据的丢失，即产生死时间，因此对数据处理模块的运算速度提出了严格的要求，编写合理、简练、优化的数据采集和处理模块是提高采样率的关键。

数据采集方面，一般有两种采样方式：一是连续采集方式，即设置好采集参数后直接进行连续采集，适用于随机信号的采集；二是信号触发采集，首先设置好触发条件，适用于有一定范围阈值的信号采集。由于多道分析主要计算的是幅度信息，数据采集采用了触发方式。触发采集为信号触发，需设置的参数包括触发通道（输入通道）、触发方式（单重多重）、触发门限值、触发沿（上升沿或下降沿）、预保留点数、前置触发或后置触发等。一般过程为，当信号电压未达到触发电平值时，不进行采集并继续监视信号的变化，循环等待触发，一旦达到触发电平则启动采集程序，对信号进行采集。如果还设置了前置或后置及预保留点数，则要比原触发点提前或滞后设置的点数进行采集。

针对不同的能量区域设置不同的阈值，只在脉冲幅度超过阈值时触发并进入连续采样。脉冲峰值由相应时间间隔内的采样值计算得出。这种触发—采样—再触发的方式大大减少了采集卡上缓冲区的数据量，为实时数据处理提供了更宽松的时间要求。对于连续采集，还同时采用了双缓冲区的软件缓冲方法。大多数数据采集卡都提供缓冲器半满中断，当卡上的缓冲器半满的时候，发出一个中断信号，计算机接收到这个信号开始从卡上读取数据到内存进行处理，同时采集卡继续采集数据存放到卡上缓冲器的后半部分。当缓冲器全满的时候，采集的数据重新存放到缓冲器的前半部分，计算机则读取卡上缓冲器后半部分的数据进行处理，从而实现高速连续的实时数据采集。

第三节　核辐射信号数据文件的存储与读取

在上述核辐射信号采集与分析框图中就已经提到，采集到的核辐射信号通过 USB 接口送到计算机中进行分析，数据文件的存储与读取是要解决的首要问题，而无论哪种类型的数据文件，其存储与读取的基本流程都是相同的，即打开文件、读文件或写文件、关闭文件，如图 4.2 所示。

核辐射脉冲信号采集程序前面板如图 4.3 所示。系统运行后，首先按照系统设置模块中的参数对于系统各个部分进行初始化，然后等待用户发出操作，如果用户发出的不是采集命令，系统则转入其他模块，如果用户发出数据采集命令，系统调用数据采集子程序进行数据采集，采集数据的同时监测用户是否发出停止采集命令，是则跳出采集子程序，终止采集。

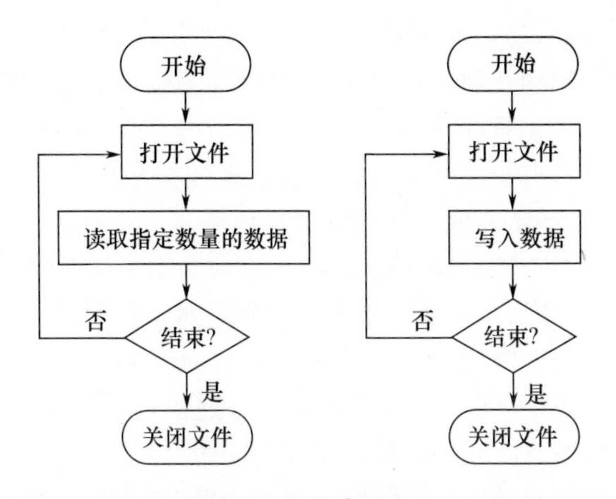

图 4.2　文件读写流程

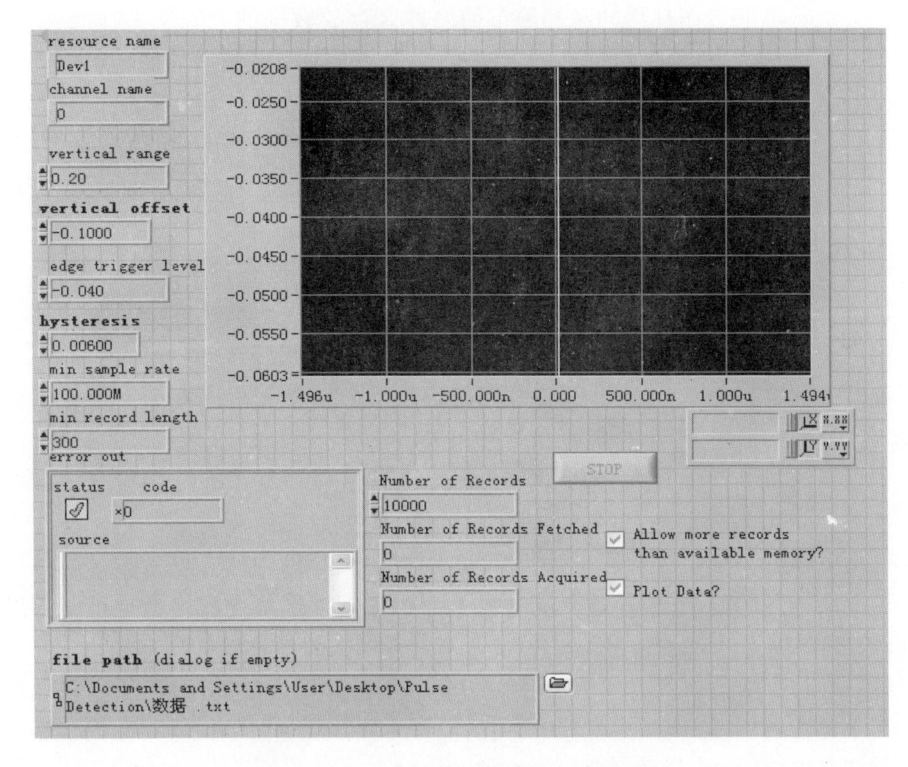

图 4.3　核辐射脉冲信号采集程序前面板

缓冲技术常用来实现数据信号的连续采集。一般采用的简单缓冲模式，采集一定长度的连续数据后，传送到计算机缓冲区内，供计算机分析、显示、存储后，才可以采集新的数据到缓冲区内。这种模式易于实现，同时还能发挥采集设备的速度优势。但缺点是，不能采集到足够长的连续数据，同时受到计算机内存限制。如果需要采集的数据比较多，计算机内存中装不下，或者需要在一个很长的时间内周期性的采集数据，就不能再使用简单缓存技术，而是需要使用循环缓存技术来采集数据。由于本系统需要连续采集数据并显示，因此简单缓冲模式无法满足需要，而循环缓冲模式则可以很好地解决这个问题。连续采集需要使用到循环缓冲区。对于循环缓冲区，往其中存放数据的同时，可以读取其中已有的数据。当缓冲区满时，从缓冲区开始处重新存放新的数据。只要存放数据和读取数据的速度配合得恰当，就可以实现用一块有限的存储区来进行连续的数据传送。使用循环缓冲区时，采集设备在后台连续进行数据采集，而 LabVIEW 在两次读取缓冲区的时间间隔里对数据进行处理。

循环缓冲区和简单缓冲区的区别在于，LabVIEW 是如何将数据放进去以及如何读取数据的。循环缓冲区和简单简缓冲区存放数据的方式是一样的，但是对于循环缓冲区，当到达缓冲区的末端时，它又返回到开始处重新存放数据。程序必须从缓冲区的一个位置读取数据，从另一个位置往缓冲区中存放数据，以保证未读的数据不被覆盖掉。使用循环缓冲区的优点在于，在两次调用 AI Read. VI 从缓冲区读取数据的时间间隔内，程序可以处理其他任务，如对数据进行分析处理等。

程序读取数据的速度要不低于采集设备往缓冲区中存放数据的速度，这样才能保证连续运行时，缓冲区中的数据不会溢出以致丢失数据。如果程序读取数据的速度快于存放数据的速度，则 LabVIEW 会等待数据存放好后再读取；如果程序读取数据的速度慢于存放数据的速度，则 LabVIEW 将发送一个错误信息，告诉用户有一些数据可能被覆盖并丢失。

可以通过调整缓存大小（Buffer Size）、扫描速率（Scan Rate）及每次读取的样本数（Number of Scans to Read at a Time）三个参数来解决上述问题。缓存大小是指可在内存中存放的样本数，它受可用内存大小的限制。增大缓存可以延长填满缓冲区的时间，但是这不能从根本上解决连续采集过程中数据被覆盖的问题，要解决这个问题，需要减小扫描速率或者增大每次读取的样本数。

一般将每次读取的样本数设置为一个小于缓冲区大小的值，而通常将缓冲区大小设置为扫描速率的两倍。具体的设置方式需要通过测试整个采集程序运行的情况来确定。

核辐射信号数据文件的读取则相对容易，LabVIEW 在高级程序中有现成的调用动态链接库的函数（调用库函数节点程序），利用此程序从硬件中进行数据的读取尤为方便。调用之后的数据就是采集的核辐射信号数据，可以继续进行以后的分析工作。其具体框图如图 4.4 所示。

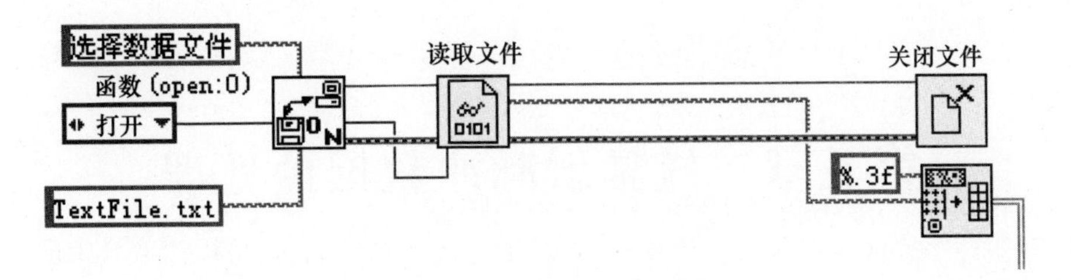

图 4.4　数据文件读取框图

存储和读取的核辐射信号波形如图 4.5 所示。

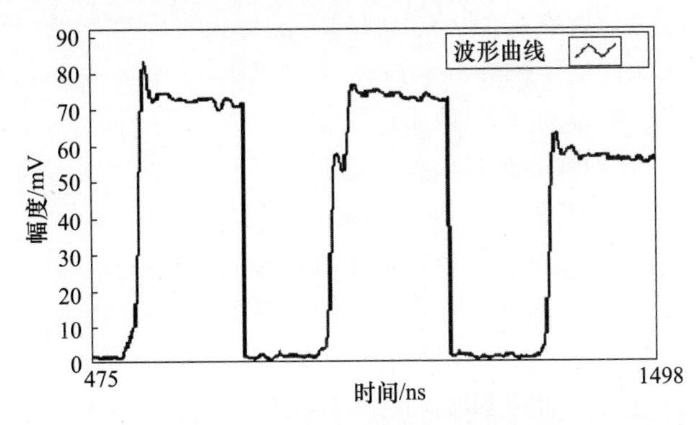

图 4.5　采集的 γ 辐射脉冲信号波形

第五章　核辐射脉冲数据预处理

自从1822年傅里叶(Fourier)出版《热的解析理论》专著以来,傅里叶变换一直是信号处理领域中应用最广泛、效果最好的一种分析手段。但傅里叶变换只是一种纯频域的分析方法,它在频域的定位性是完全准确的(即频域分辨率最高),而在时域无任何定位性(或分辨能力),即傅里叶变换所反映的是整个信号全部时间下的整体频域特征,而不能提供任何局部时间段上的频率信息。相反,当一个函数用δ函数展开时,它在时间域的定位性是完全准确的,而在频域却无任何定位性(或分辨能力),即δ函数分析所反应的只是信号在全部频率上的整体时域特征,而不能提供任何频率段所对应的时间信息。实际中,对于一些常见的非平稳信号,如音乐信号在不同时间演奏不同音符,语音信号在不同时域中有不同音节,探地信号在目标出现的位置对应一个回波信号等,它们的频域特性都随时间而变化,因此也可称它们为时变信号。对这一类时变信号进行分析,通常需要提取某一时间段(或瞬间)的频域信息或某一频率段所对应的时间信息。因此,寻求一种介于傅里叶分析和δ分析之间,并具有一定的时间和频率分辨率的基函数来分析时变信号,一直是信号处理界及数学界人士长期以来努力的目标。

为了研究信号在局部时间范围的频域特征,1946年Gabor提出著名的Gabor变换,之后又进一步发展为短时傅里叶变换(Short Time Fourier Transform,STFT),又称为加窗傅里叶变换。目前,STFT已在许多领域获得了广泛的应用。但由于STFT的定义决定了其窗函数的大小、形状均与时间和频率无关而保持固定不变,这对于分析时变信号来说是不利的。高频信号一般持续时间很短,而低频信号持续时间较长,因此,我们期望对于高频信号采用小时间窗,对于低频信号则采用大时间窗进行分析。在进行信号分析时,这种变时间窗的要求同STFT的固定时窗(窗不随频率而变化)的特性是相矛盾的,这表明STFT在处理这一类问题时已无能为力了。此外,在进行数值计算时,人们希望将基函数离散化,以节约计算时间及存储量。但Gabor基无论怎样离散,都不能构成一组正交基,因而给数值计算带来了不便。这些是Gabor变换的不足之处,但这恰恰是小波变换的特长所在。小波变换不仅继承和发展了STFT的局部化的思想,而且克服了窗口大小不随频率变化，缺乏离散正交基的缺点，是一种比较理想的进行信号处理的数学工具。

小波变换的思想来源于伸缩与平移方法。小波分析方法的提出，最早应属1910年Harr提出的规范正交基（这是一组非正则基）。小波概念的真正出现应是1984年，法国地球物理学家J. Morlet在分析地震数据时，提出将地震波按一个确定函数的伸缩、平移系$\left\{|a|^{-\frac{1}{2}}\psi\left(\frac{x-b}{a}\right);a,b\in\mathbf{R},a\neq0\right\}$展开。随后，他与A. Grossmann共同研究发展了连续小波变换的几何体系，由此能将任意一个信号分解成对空间和尺度的贡献。1985年，Y. Meyer、A. Grossmann、I. Daubechies共同研究，选取连续小波空间的一个离散子集，得到了一组离散的小波基（称为小波框架）。而且，根据小波框架的离散子集的函数，恢复了连续小波函数的全空间。

1986年，Y. Meyer在证明不可能存在时频域都具有一定正则性的正交小波基时，却意外地发现了具有一定衰减性的光滑性函数ψ使$\{2^{-\frac{1}{2}}\psi(2^{-j}x-k)|_{j,k\in z}\}$构成$L^2(\mathbf{R})$的规范正交基，从而证明了确实存在小波正交系。后来，Lemarie、Battle又分别独立地构造了具有指数衰减的小波函数。1987年，Mallat将计算机视觉领域的多尺度分析思想引入到小波分析中，提出多分辨率分析概念，统一了在此之前的所有具体正交小波基的构造，并且提出相应的分解与快速重构算法。1988年，I. Daubechies在美国NSF/CBMS主办的小波专题研讨会上进行了10次讲演，引起了广大数学家、观察学家、物理学家甚至某些企业家的重视，由此将小波分析的理论发展与实际应用推向了一个高潮。

小波变换作为一种数学理论和方法在科学技术界引起了越来越多的关注和重视。目前小波在许多领域得到了广泛应用，它被认为是近年来在数学工具及分析方法上的重大突破。

核辐射信号由于其自身的复杂性和多变性，使得其特征信息的提取、分析和处理都相当困难。由于小波变换具有优良的时频局域化特性。本书将小波变换运用于核辐射信号的波形识别中，对此做了许多有益的尝试，取得了较满意的结果。

第一节　傅里叶变换

自从法国科学家傅里叶在1807年为了得到热传导方程简便解法而首次提出著名的傅里叶分析技术以来，傅里叶变换首先在电气工程领域得到了成功应用，之后得到了深入研究，特别是进入20世纪40年代之后，由于计算机技术的产生和迅速发展，以离散傅里叶变换形式出现的快速傅里叶变换(Fast Fourier Transform,FFT)以频域分析、谱分析和频谱分析的形式在极短的时间内迅速渗透到现代科学技术的几乎所有领域，无人不知无人不晓。时至今日，人们在理论研究和应用技术研究中，分别把傅里叶变换和 FFT 当作最基本的、有效的经典工具来看待和使用，它能有效地分析各种确定的、平稳的信号。正是深入的研究和广泛的应用，逐渐暴露了傅里叶变换在研究某些问题的局限性以及 FFT 在处理一些特殊数据时的局限性，特别是对于非平稳随机信号的分析和处理。

一、傅里叶变换的定义

一般来说，傅里叶变换通常是指傅里叶级数和傅里叶变换两种分析技术，它们分别用于对周期性信号和非周期性连续信号作频谱分析。

1. 傅里叶级数

考虑定义在$(0,2\pi)$上的满足如下条件的可测函数或周期性信号$f(t)$，即

$$\int_0^{2\pi} \left| f(t) \right|^2 \mathrm{d}x < +\infty \tag{5.1}$$

这种函数的全体构成的集合，按照 L^2 范数生成的函数空间为 $L^2(0,2\pi)$。由傅里叶变换可知，$L^2(0,2\pi)$中任何一个信号$f(t)$都具有一个傅里叶级数表达式，即

$$f(t) = \sum_{-\infty}^{+\infty} c_n \mathrm{e}^{\mathrm{j}nt} \tag{5.2}$$

式中：c_n 为级数的系数，$c_n = \frac{1}{2\pi}\int_0^{2\pi} f(t)\mathrm{e}^{-\mathrm{j}nt}\mathrm{d}t$，称为$f(t)$的傅里叶系数。

特别需要说明的是，傅里叶级数收敛的意思是

$$\lim_{N\to\infty, M\to\infty} \int_0^{2\pi} \left| f(t) - \sum_{n=-N}^{M} c_n \mathrm{e}^{\mathrm{j}nt} \right|^2 \mathrm{d}t = 0 \tag{5.3}$$

即在函数空间 $L^2(0,2\pi)$中，傅里叶级数总是成立的。实际上，傅里叶级数作为数值等式，在函数或者信号的连续点上是成立的。这对于平常的数值计算来说，除极少数例外，已经完全能够满足应用的需要。

对于傅里叶级数表达式，下面的两点是值得注意的：

(1) 任何信号或者函数$f(t)$都是分解成无穷多个固定的相互正交的量$g_n(t) = \mathrm{e}^{\mathrm{j}nt}$的线性组合，所谓的正交是指

$$\langle g_m, g_n \rangle = \delta(m-n) \tag{5.4}$$

“内积”的常规定义为

$$\langle g_m, g_n \rangle = \frac{1}{2\pi}\int_0^{2\pi} g_m(t)\, g_n(t)\,\mathrm{d}t \tag{5.5}$$

由此说明函数族：

$$\{g_n(t) = \mathrm{e}^{\mathrm{j}nt}; n \in \mathbf{Z}\} \tag{5.6}$$

是 $\mathrm{L}^2(0,2\pi)$的标准正交基。

(2) $L^2(0,2\pi)$的前述标准正交基$\{g_n(t); n \in \mathbf{Z}\}$可由一个固定的函数：

$$g(t) = \mathrm{e}^{\mathrm{j}t} \tag{5.7}$$

的所有“整数膨胀”构成，这就是说，对所有的整数 n，$g_n(t) = g(nt)$。由于$L^2(0,2\pi)$中的函数都可以拓展为实直线 R 上的以 2π 为周期的函数，即 $f(t) = f(t-2\pi)$；$t \in \mathbf{R}$，所以，$\mathrm{L}^2(0,2\pi)$有时也称为 2π 周期的能量有限信号（或者函数）空间。由于函数

$$g(t) = \mathrm{e}^{\mathrm{j}t} = \cos t + \mathrm{j}\sin t \tag{5.8}$$

在物理或者工程领域一般被称为“基波”，它的频率为 1，而函数：

$$g_n(t) = g(nt) = \mathrm{e}^{\mathrm{j}nt} = \cos(nt) + \mathrm{j}\sin(nt) \tag{5.9}$$

称为具有频率 n 的“谐波”。

前述的标准正交基$\{g_n(t) = \mathrm{e}^{\mathrm{j}nt}; n \in \mathbf{Z}\}$使傅里叶级数表达式在$L^2(0,2\pi)$空间中拥有一种物理解释，即每个能量有限的“振动”都可以分解成各种频率的谐波叠加。同时，函数的傅里叶变换系数序列$\{c_n; n \in \mathbf{Z}\}$和原来的函数 $f(t)$之间有完全对等的关系，从范数的定义出发，得到著名的 Parsevel 恒等式：

$$\frac{1}{2\pi}\int_0^{2\pi} |f(t)|^2\,\mathrm{d}t = \sum_{n=-\infty}^{+\infty} |c_n|^2 \tag{5.10}$$

因此，傅里叶级数方法为周期信号的分析提供了一种简明的工具，即频谱分析。另外，傅里叶级数据表达式在理论上给出函数空间 $\mathrm{L}^2(0,2\pi)$的一个堪称经典的表达，即仅凭一个函数 $g(t)$就可以生成整个空间 $\mathrm{L}^2(0,2\pi)$，而且，可以将空间 $L^2(0,2\pi)$等同于序列空间：

$$l^2(Z) = \left\{\{c_n; n \in \mathbf{Z}\}; \sum_{n\in\mathbf{Z}} |c_n|^2 < +\infty\right\} \tag{5.11}$$

即前述由函数 $g(t)$经过膨胀生成的基将函数空间 $\mathrm{L}^2(0,2\pi)$“序列化”了。但是，作为傅里叶变换的另一部分，傅里叶变换技术则没有保持傅里叶级数的这些优良性质。

2. 傅里叶变换

对于空间 $\mathrm{L}^2(\mathbf{R})$中的任何函数 $f(t)$，它的傅里叶变换定义是

$$F(\omega) = \int_{-\infty}^{+\infty} f(t)\mathrm{e}^{-\mathrm{j}\omega t}\mathrm{d}t \tag{5.12}$$

这时,傅里叶变换的逆变换是

$$f(t) = \frac{1}{2\pi}\int_{-\infty}^{+\infty} F(\omega)\mathrm{e}^{\mathrm{j}\omega t}\mathrm{d}\omega \tag{5.13}$$

直观地看,函数 $\mathrm{e}^{\mathrm{j}\omega t}$ 好像是空间 $L^2(R)$ 的基,而且,当频率 ω 取整数 $\omega = n$ 时,它就变成了傅里叶级数中的基函数 $\mathrm{e}^{\mathrm{j}nt}$,因此,可以把 $\mathrm{e}^{\mathrm{j}\omega t}$ 看作函数 $\mathrm{e}^{\mathrm{j}nt}$ 按频率意义的连续形式,而 $\mathrm{e}^{\mathrm{j}nt}$ 则是函数 $\mathrm{e}^{\mathrm{j}\omega t}$ 的整数离散形式。但是,这两者显然有很大差异。首先函数空间 $\mathrm{L}^2(R)$ 和 $\mathrm{L}^2(0,2\pi)$ 是完全不同的,其次因为 $\mathrm{L}^2(R)$ 中的每个函数在无穷远处必须“衰减”到零,所以 $\mathrm{e}^{\mathrm{j}\omega t}$ 不在信号空间 $\mathrm{L}^2(R)$ 中,特别是各种整数频率的“波”$g_n(t) = \mathrm{e}^{\mathrm{j}nt}$ 定不在 $\mathrm{L}^2(\mathbf{R})$ 中。因此,虽然 $\{\mathrm{e}^{\mathrm{j}nt}; n \in Z\}$ 构成 $\mathrm{L}^2(0,2\pi)$ 的正交基,但是无论如何 $\mathrm{e}^{\mathrm{j}\omega t}$ 也无法生成 $\mathrm{L}^2(\mathbf{R})$ 的正交基。

二、短时傅里叶变换

短时傅里叶变换(STFT)是最早和最常用的一种时频分析方法,是傅里叶变换的自然推广。为使变换具有时域局部性,它先将时间信号加时间窗,然后将时间窗滑动做傅里叶变换,就得到信号的时变谱或短时谱。因此,短时傅里叶变换是用时间窗的一段信号来表示它在某个时刻的特性。显然,窗越宽,时间分辨率越差,但为提高时间分辨率而缩短窗宽时,又会降低频率分辨率。这样,短时傅里叶不能同时兼顾时间分辨率和频率分辨率。

设 $g(t) \in \mathrm{L}^2(R)$ 而且 $\|g\|_2 \neq 0$,如果:

$$\int_{-\infty}^{+\infty} |\tan t|^2 \mathrm{d}t < +\infty \tag{5.14}$$

则称 $g(t)$ 是一个窗函数,而 $g(t)$ 的中心 $E(g)$ 和半径 $\Delta(g)$ 的定义分别是

$$E(g) = \frac{\int_{-\infty}^{+\infty} t\,|g(2t)|^2 \mathrm{d}t}{\|g\|_2^2} \tag{5.15}$$

$$\Delta(g) = \sqrt{\frac{\int_{-\infty}^{+\infty} (t - E(g))^2\,|g(t)|^2 \mathrm{d}t}{\|g\|_2^2}} \tag{5.16}$$

而数值 $2\Delta(g)$ 称为窗函数 $g(t)$ 的宽度,简称为窗宽。

一般来说,对任意 $f(t) \in L^2(R)$,它的窗口傅里叶变换定义为

$$C_f(b,\omega) = \int_{-\infty}^{+\infty} f(t)\mathrm{e}^{-\mathrm{j}\omega t}\bar{g}(t - b)\mathrm{d}t \tag{5.17}$$

引入记号 $c(b,\omega,t)=\mathrm{e}^{\mathrm{j}\omega t}g(t-b)$，则上式变为

$$C_f(b,\omega)=\langle f,c(b,\omega,t)\rangle=\int_{-\infty}^{+\infty}f(t)\,\overline{c}(b,\omega,t)\mathrm{d}t \tag{5.18}$$

这说明 $f(t)$ 的窗口傅里叶变换 $C_f(b,\omega)$ 给出的是信号 $f(t)$ 在时间窗：

$$[E(g)+b-\Delta(g),E(g)+b+\Delta(g)] \tag{5.19}$$

中的局部时间信息。

如果窗函数 $g(t)$ 的傅里叶变换 $G(\omega)$ 也满足窗函数的条件并引入记号：

$$C(b,\omega,\eta)=\mathrm{e}^{-\mathrm{j}b(\eta-\omega)}G(\eta-\omega) \tag{5.20}$$

那么，对任何固定的 b 和 ω，$C(b,\omega,\eta)$ 作为 η 的函数是中心为 $(E(G)+\omega)$ 且半径为 $\Delta(G)$ 的一个频域窗口函数。由傅里叶变换的 Parseval 恒等式可得

$$C_f(b,\omega)=\langle f,c(b,\omega,t)\rangle=\frac{1}{2\pi}\langle F,C(b,\omega,t)\rangle \tag{5.21}$$

这说明 $f(t)$ 的窗口傅里叶变换 $C_f(b,\omega)$ 同时也给出了信号在频率窗口 $[E(G)+\omega-\Delta(G),E(G)+\omega+\Delta(G)]$ 中的局部频率信息。由上面的分析可知，选定窗函数 $g(t)$ 使其傅里叶变换 $G(\omega)$ 也满足窗函数的条件，那么，$f(t)$ 的窗口傅里叶变换 $C_f(b,\omega)$ 同时给出了信号在时域窗口 $[E(g)+b-\Delta(g),E(g)+b+\Delta(g)]$ 内和频率域窗口 $[E(G)+\omega-\Delta(G),E(G)+\omega+\Delta(G)]$ 内的局部时—频信息。因此，当 b 和 ω 固定时，窗口傅里叶变换 $C_f(b,\omega)$ 就给出了信号在时—频相平面上的一个时—频窗 $[E(g)+b-\Delta(g),E(g)+b+\Delta(g)]\times[E(G)+\omega-\Delta(G),E(G)+\omega+\Delta(G)]$ 中的时—频信息。选定窗口函数 $g(t)$ 之后，这个时—频窗是时—频相平面上的一个坐标轴平行的形状与 (b,ω) 无关的矩形，具有固定的面积 $4\Delta(g)\Delta(G)$，矩形的中心坐标表示为 $(E(g)+b,E(G)+\omega)$。当窗口函数的时域中心和频域中心都在原点时，时—频窗的中心正好就是参数对 (b,ω)，这时，窗口傅里叶变换 $C_f(b,\omega)$ 就真正给出了信号在时间点 $t=b$ 附近和在频率点 $\eta=\omega$ 附近而且时—频窗为 $[b-\Delta(g),b+\Delta(g)]\times[\omega-\Delta(G),\omega+\Delta(G)]$ 的时间和频率的局部信息。这是称窗口傅里叶变换为时—频分析方法的原因之所在。对于窗口傅里叶变换的时—频分析能力，用时—频窗的面积 $4\Delta(g)\Delta(G)$ 来衡量，在时—频窗的形状固定不变时，窗口面积越小，说明它的时—频局部化的描述能力就越强。相反的，窗口面积越大，说明它的时—频局部化的描述能力就越差。

根据 Heisenberg 测不准原理：如果 $g(t)$ 及其傅里叶变换 $G(\omega)$ 同时满足窗函数的要求，那么

$$\Delta(g)\Delta(G) \geqslant \frac{1}{2} \tag{5.22}$$

而且,上式成为等式的充分必要条件是,存在 $c \neq 0, a > 0$,使得

$$g(t) = c\mathrm{e}^{\mathrm{j}at} g_a(t-b) \tag{5.23}$$

这也是 Cauchy - Schwart 不等式成为等式的条件。

海森伯格测不准原理说明了一个基本事实,即 Gabor 变换是具有最小时—频窗的窗口傅里叶变换,这表达了 Gabor 变换的某种最优性,当然,这里还没有考虑时—频窗窗口形状的变化与信号时—频分析的需要之间的关系。进一步的研究发现,短时傅里叶变换没有离散正交基,这决定了它在进行数值计算时没有类似于 FFT 那样有效的快速算法,使其应用受到必然的限制。另外,当窗口函数选定后,时—频窗的窗口形状是固定的,它不能随着所分析的信号成分是高频信息或低频信息而相应变化,而非平稳信号都包含丰富的频率成分,所以它们对非平稳信号的分析能力是很有限的。

第二节　小波变换

一、小波变换的定义

小波是函数空间 $L^2(\mathbf{R})$ 中满足下述条件的一个函数或者信号 $\psi(t)$,即

$$C_\psi = \int_{\mathbf{R}^*} \frac{|\hat{\psi}(\omega)|^2}{|\omega|} \mathrm{d}\omega < \infty \tag{5.24}$$

这里,$\mathbf{R}^* = \mathbf{R} - \{0\}$ 表示非零实数的全体。有时,$\psi(t)$ 也称为"小波母函数",前述条件也称为"容许条件"。对小波母函数作伸缩和平移变换,设伸缩因子为 a,平移因子为 b,$a,b \in \mathbf{R}$,且 $a \neq 0$,则可得函数族:

$$\psi_{a,b}(t) = |a|^{-1/2} \psi\left(\frac{t-b}{a}\right) \tag{5.25}$$

称 $\psi_{a,b}(t)$ 为分析小波,或者连续小波,简称为小波。所谓小波,"小"是指其具有衰减性,"波"是指其波动性,具有振幅正负相间的振荡形式。

对于任意的函数或者信号 $f(t)$,其小波变换定义为

$$W_f(a,b) = \int_{\mathbf{R}} f(t) \bar{\psi}_{a,b}(t) \mathrm{d}t = \frac{1}{\sqrt{|a|}} \int_{\mathbf{R}} f(t) \bar{\psi}\left(\frac{t-b}{a}\right) \mathrm{d}t \tag{5.26}$$

因此,对任意的函数 $f(t)$,它的小波变换是一个二元函数,这是小波变换和傅里叶变换不相同的地方。另外,因为小波母函数 $\psi(t)$ 只有在原点的附近才会

有明显偏离水平轴的波动,在远离原点的地方函数值将迅速衰减为零,所以对于任意的伸缩因子 a 和平移因子 b,小波函数 $\psi_{a,b}(t)$ 在 $t=b$ 的附近存在明显的波动,远离 $t=b$ 的地方将迅速地衰减到 0。因而,函数的小波变换 $W_f(a,b)$ 数值表明的本质是原来的函数或者信号 $f(t)$ 在 $t=b$ 点附近按 $\psi_{a,b}(t)$ 进行加权的平均,体现的是以 $\psi_{a,b}(t)$ 为标准快慢的 $f(t)$ 的变化情况,这样,参数 b 表示分析的时间中心或时间点,而参数 a 体现的是以 $t=b$ 为中心的附近范围的大小。所以,一般称 a 为尺度参数,而 b 为时间中心参数。

设小波函数 $\psi(t)$ 及其傅里叶变换 $\psi(\omega)$ 都满足窗口函数的要求,它们的中心和窗宽分别记为 $E(\psi)$ 和 $\Delta(\psi)$ 与 $E(\Psi)$ 和 $\Delta(\Psi)$,容易验证,对任意的参数 a 和 b,连续小波 $\psi_{a,b}(t)=|a|^{-1/2}\psi\left(\frac{t-b}{a}\right)$ 及其傅里叶变换

$$\Psi_{a,b}(\omega)\frac{1}{\sqrt{|a|}}\int_{-\infty}^{+\infty}\psi\left(\frac{t-b}{a}\right)e^{-j\omega t}dt=\frac{a}{\sqrt{|a|}}e^{-jb\omega}\Psi(a\omega) \tag{5.27}$$

都满足窗口函数的要求,它们的中心和窗宽分别为

$$\begin{cases}E(\psi_{a,b})=b+aE(\psi)\\ \Delta(\psi_{a,b})=|a|\Delta(\psi)\end{cases} \tag{5.28}$$

$$\begin{cases}E(\Psi_{a,b})=\dfrac{E(\Psi)}{a}\\ \Delta(\Psi_{a,b})=\dfrac{\Delta(\Psi)}{|a|}\end{cases} \tag{5.29}$$

因此,连续小波 $\psi_{a,b}(t)$ 的时窗是 $[b+aE(\psi)-|a|\Delta(\psi),b+aE(\psi)+|a|\Delta(\psi)]$,频窗是 $\left[\frac{E(\Psi)}{a}-\frac{\Delta(\Psi)}{|a|},\frac{E(\Psi)}{a}+\frac{\Delta(\Psi)}{|a|}\right]$,由此可见,连续小波 $\psi_{a,b}(t)$ 的时—频窗是时—频平面上一个可变的矩形 $[b+aE(\psi)-|a|\Delta(\psi),b+aE(\psi)+|a|\Delta(\psi)]\times\left[\frac{E(\Psi)}{a}-\frac{\Delta(\Psi)}{|a|},\frac{E(\Psi)}{a}+\frac{\Delta(\Psi)}{|a|}\right]$ 时—频窗的面积为

$$2|a|\Delta(\psi)\times\frac{2\Delta(\Psi)}{|a|}=4\Delta(\psi)\Delta(\Psi) \tag{5.30}$$

它只与小波母函数 $\psi(t)$ 有关,而与参数 a 和 b 毫无关系,但是,时—频窗口的形状随着参数 a 而变化,这是与短时傅里叶变换和 Gabor 变换完全不同的时—频分析特性。具体地说,对于较小的 $a>0$,这时,时间域的窗宽 $|a|\Delta(\psi)$ 随着 a 一起变小,时窗 $[b-|a|\Delta(\psi),b+|a|\Delta(\psi)]$ 变窄,主频 $\left(中心频率,\frac{E(\Psi)}{a}\right)$ 变高,检测到的主要是信号的高频成分。由于高频成分在时间域的特点是变化迅速,

因此，为了准确检测到时域中某点处的高频成分，只能利用该点附近很小范围内的观察数据，这必然要求在该点的时间窗比较小，小波变换正好具备这样的自适应性；反过来，对于较大的 $a>0$，这时，时间域的窗宽 $|a|\Delta(\psi)$ 随着 a 一起变大，时窗 $[b-|a|\Delta(\psi), b+|a|\Delta(\psi)]$ 变宽，主频（中心频率）$\frac{E(\Psi)}{a}$ 变低，检测到的主要是信号的低频成分，由于低频成分在时间域的特点是变化缓慢，因此，为了完整地检测在时域中某点处的低频成分，必须利用该点附近较大范围内的观察数据，这必然要求在该点的时间窗比较大，小波变换也恰好具备这种自适应性。这是小波变换作为时—频分析方法的独到之处，也称为小波变换的变焦性。

图 5.1 显示了采用不同的分析方法时所对应的时—频窗。

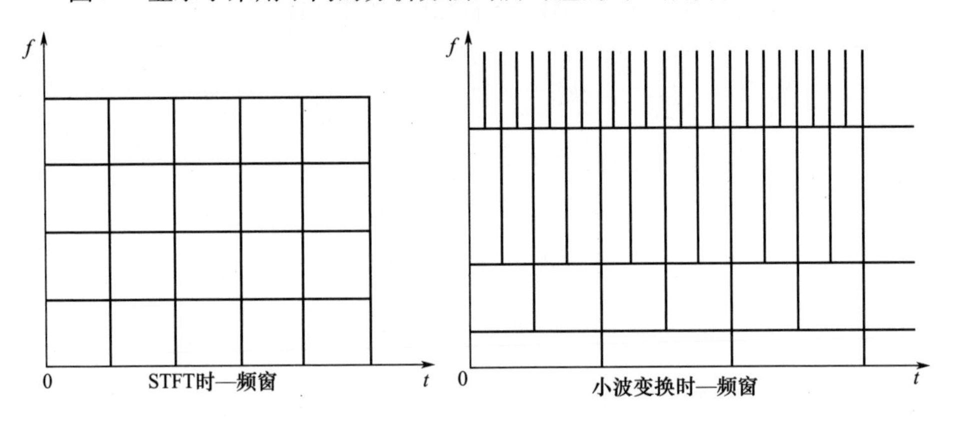

图 5.1　短时傅里叶变换时—频窗与小波变换时—频窗的对比

由小波函数的确切定义可知，小波函数一般具有以下特点：

（1）在时域中都具有紧支集。原则上讲，任何满足可容许性条件的 $L^2(\mathbf{R})$ 空间的函数都可以作为小波母函数（包括实数函数和复数函数、紧支集或非紧支集函数、正则或非正则函数等）。但一般情况下，常常选取紧支集或近似紧支集的（具有时域的局部性）具有正则性的（具有频域的局部性）实数或复数作为小波母函数，以使小波母函数在时域和频域都具有较好的局部性。

（2）由于小波母函数满足可容许性条件 $\int_{\mathbf{R}} \frac{|\psi(\omega)|^2}{\omega} d\omega < \infty$，则必有 $\psi(\omega)|_{\omega=0}=0$，也即直流分量为 0，由此断定小波必具有正负交替的波动性。

二、连续小波变换

将任意 $L^2(\mathbf{R})$ 空间中的函数 $f(t)$ 在小波基下进行展开，称这种展开为函数 $f(t)$ 的连续小波变换（Continue Wavelet Transform，CWT），其表达式为

$$WT_f(a,\tau) = \langle f(t),\psi_{a,\tau}t \rangle = \frac{1}{\sqrt{a}}\int_{\mathbf{R}} f(t)\bar{\psi}\left(\frac{t-\tau}{a}\right)\mathrm{d}t \tag{5.31}$$

由 CWT 的定义可知，小波变换同傅里叶变换一样，都是一种积分变换。同傅里叶变换相似，称 $WT_f(a,\tau)$ 为小波变换系数。由于小波基不同于傅里叶基，因此小波变换与傅里叶变换有许多不同之处。其中最重要的是：小波基具有尺度 a、平移 b 两个参数，因此，将函数在小波基下展开，就意味着将一个时间函数投影到二维的时间—尺度相平面上。

小波变换与 STFT 有着本质不同，它是一种变分辨率的时频联合分析方法。当分析低频（对应大尺度）信号时，时间窗很大，而当分析高频（对应小尺度）信号时，时间窗减小。这恰恰符合实际问题中高频信号的持续时间短、低频信号持续时间长的自然规律。小波变换具有的这一宝贵性质称为“变焦距”性质。

由连续小波变换的系数可知，CWT 具有很大的冗余量。从节约计算量来说，这是它的缺点之一。但从另一方面来讲，我们正是利用 CWT 的冗余性实现去噪和数据恢复的目的。

信噪分离和提取弱信号是小波变换应用于信号分析的重要方面，由于小波分解可以把一个信号分解为不同频段的信号，就可进行信噪分离和降噪处理。

三、离散小波变换

减小小波变换系数冗余度的做法是将小波基函数 $\psi_{a,b}(t) = |a|^{-\frac{1}{2}}\psi\left(\frac{t-b}{a}\right)$，限定在一些离散的点上取值，就是尺度与位移的离散化。

DWT 与 CWT 的不同，在尺度—位移相平面上，它对应一些离散的点，因此称为离散小波变换。

任意函数 $f(t)$ 离散小波变换为

$$WT_f(m,n) = \int_{\mathbf{R}} f(t)\,\bar{\psi}_{m,n}(t)\,\mathrm{d}t \tag{5.32}$$

若离散小波序列 $\{\psi_{j,k}\}_{j,k\in\mathbf{Z}}$ 构成一个框架，其上、下界分别为 A 和 B，则当 $A=B$ 时（紧框架），由框架概念可知离散小波变换的逆变换为

$$f(t) = \sum_{j,k}\langle f,\psi_{j,k}\rangle \cdot \bar{\psi}_{j,k}(t) = \frac{1}{A}\sum_{j,k} WT_f(j,k)\cdot\psi_{j,k}(t) \tag{5.33}$$

四、常用的小波函数

小波分析在工程应用中，一个十分重要的问题是最优小波基的选择问题，目

前主要是通过用小波分析方法处理信号的结果与理论结果的误差来判定小波基的好坏,并由此选定小波基。

划分小波函数类型的标准通常有支撑长度、对称性、ψ 和 φ 的消失矩阶数、正则性。常用到的小波函数包括 Haar 小波、Daubechies(dbN)小波系、Biorthogonal(biorNr. Nd)小波系、Coiflet(coifN)小波系、SymletsA(symN)小波系、Morlet(morl)小波、Mexican – Hat(mexh)小波、Merer 小波。

第三节 多分辨率分析与 Mallat 算法

多分辨率分析概念是由 S. Mallat 和 Y. Meyer 于 1986 年提出的,它可将在此之前所有正交小波基的构造统一起来,使小波理论产生了突破性进展。同时,在多分辨率分析理论基础上,S. Mallat 给出了快速二进小波变换算法,称为 Mallat 算法,这一算法在小波分析中的地位很重要,相当于快速傅里叶算法在经典傅里叶分析中的地位。

一、多分辨率分析

多分辨率分析的实质是满足一定条件的 $L^2(\mathbf{R})$ 中的一系列子空间,其条件如下。

单调性:$V_j = V_{j-1}$,对任意 $j \in \mathbf{Z}$。

渐近完全性:$\bigcup\limits_{j=-\infty}^{\infty} V_j \in L^2(R)$,$\bigcap\limits_{j=-\infty}^{\infty} V_j = [0]$。

伸缩性:对任意 $j \in Z$,$f(t) \in V_j \Leftrightarrow f(2t) \in V_{j-1}$。

平移不变性:$f(t) \in V_j \Rightarrow f(t-2^j k) \in V_j, k \in Z$。

正交基:存在函数 $\phi \in V_0$,使得 $\{\phi(x-k)\} | k \in \mathbf{Z}$ 构成 V_0 的一组正交基。

二、Mallat 算法

Mallat 算法即为正交小波变换的快速算法,Mallat 算法在小波分析中的地位相当于快速傅里叶变换算法在经典傅里叶分析中的地位。

对于任意信号 $f(t) \in L^2(\mathbf{R})$,记 $c_{j,k}$ 和 $d_{j,k}$ 分别为 $f(t)$ 的尺度系数和小波系数,则

$$\begin{cases} c_{j,k} = \int_{\mathbf{R}} f(t)\bar{\varphi}_{j,k}(t)\mathrm{d}t \\ d_{j,k} = \int_{\mathbf{R}} f(t)\bar{\psi}_{j,k}(t)\mathrm{d}t \end{cases} \tag{5.34}$$

同时,将 $f(t)$ 在闭子空间 V_j 和 W_j 上的正交投影分别记为 $f_j(t)$ 和 $g_j(t)$,则

$$f_j(t) = \sum_{k \in \mathbf{Z}} c_{j,k} \varphi_{j,k}(t) \tag{5.35}$$

$$g_j(t) = \sum_{k \in \mathbf{Z}} d_{j,k} \psi_{j,k}(t) \tag{5.36}$$

式中：$\varphi_{j,k}(t) = 2^{j/2}\varphi(2^j t - k)$，$\psi_{j,k}(t) = 2^{j/2}\psi(2^j t - k)$。根据空间正交直和分解关系 $\forall j \in Z, V_{j+1} = V_j \oplus W_j$，可得

$$f_{j+1}(t) = f_j(t) + g_j(t) \tag{5.37}$$

信号的尺度系数和小波变换系数之间的关系可以写为

$$\sum_{l \in \mathbf{Z}} c_{j+1,l} \varphi_{j+1,l}(t) = \sum_{k \in \mathbf{Z}} c_{j,k} \varphi_{j,k}(t) + \sum_{k \in \mathbf{Z}} d_{j,k} \psi_{j,k}(t) \tag{5.38}$$

1. 小波分解的 Mallat 算法

为了由$\{c_{j+1,m}; m \in \mathbf{Z}\}$计算系数$\{c_{j,n}; n \in \mathbf{Z}\}$和$\{d_{j,n}; n \in \mathbf{Z}\}$，分别用$\bar{\varphi}_{j,n}(t)$和$\bar{\psi}_{j,n}(t)$乘上式两端后求积分，并利用尺度方程和小波方程的系数公式：

$$\begin{cases} h_l = \int_{\mathbf{R}} \varphi(t) \bar{\varphi}_{1,l}(t) \mathrm{d}t \\ g_l = \int_{\mathbf{R}} \psi(t) \bar{\psi}_{1,l}(t) \mathrm{d}t \end{cases} \tag{5.39}$$

得到 Mallat 分解公式：

$$\begin{cases} c_{j,n} = \sum_{m \in \mathbf{Z}} \bar{h}_{m-2n} c_{j+1,m} \\ d_{j,n} = \sum_{m \in \mathbf{Z}} \bar{g}_{m-2n} c_{j+1,m} \end{cases} \tag{5.40}$$

2. 小波重构的 Mallat 算法

为了由系数$\{c_{j,n}; n \in \mathbf{Z}\}$和$\{d_{j,n}; n \in \mathbf{Z}\}$计算$\{c_{j+1,m}; m \in \mathbf{Z}\}$，用$\bar{\varphi}_{j+1,m}(t)$乘以信号级数分解式两端之后求积分，并利用系数公式得到 Mallat 合成公式：

$$c_{j+1,m} = \sum_{n \in \mathbf{Z}} h_{m-2n} c_{j,n} + g_{m-2n} d_{j,n} \tag{5.41}$$

第四节　小波包分析

一、小波包

小波变换在信号时—频分析研究方面的优势就是它的自适应性可以满足信号处理的根本要求，但是这种自适应性也带来了“高频低分辨”问题，特别是在

离散小波变换的场合,这个问题可以充分显示出来。

具体地说,根据小波函数 $\psi_{a,b}(t)$ 的时—频窗可知,当 $a>0$ 充分小时,时窗 $[b-|a|\Delta(\psi),b+|a|\Delta(\psi)]$ 变得很窄,主频 $E(\Psi)/a$ 随着变高,但同时频窗 $\left[\frac{E(\Psi)}{a}-\frac{\Delta(\Psi)}{|a|},\frac{E(\Psi)}{a}+\frac{\Delta(\Psi)}{|a|}\right]$ 变得非常宽。这说明,小波变换 $W_f(a,b)$ 实际上集结了原始信号 $f(t)$ 在频率域中主频位于 $E(\Psi)/a$ 的很宽范围内的大量频率成分,致使许多频率相差很远的频率成分被"捆绑"在一起而无法区分,这就是小波变换在高频范围内的低分辨率现象。要解决这种"高频低分辨率"现象,可以借助构造正交小波的函数空间 $L^2(\mathbf{R})$ 的正交直和分解的思想,小波包变换方法成功地解决了这个问题。

如果空间 $L^2(R)$ 上的一列闭子空间 $\{V_j;j\in\mathbf{Z}\}$ 和一个函数 $\varphi(t)$ 构成 $L^2(\mathbf{R})$ 上的正交多分辨率分析,记为 $(\{V_j;j\in\mathbf{Z}\};\varphi(t))$,那么,对于函数 $\varphi(t)$,存在唯一的序列 $\{h_n;n\in\mathbf{Z}\}\in l^2(\mathbf{Z})$,称为低通滤波器系数,使得

$$\varphi(t)=\sqrt{2}\sum_{n\in Z}h_n\varphi(2t-n) \tag{5.42}$$

这就是尺度方程。这时,取 $g_n=(-1)^{n-1}\bar{h}_{l-n};n\in Z$,称为高通滤波器系数,则函数:

$$\psi(t)=\sqrt{2}\sum_{n\in Z}g_n\varphi(2t-n) \tag{5.43}$$

是一个正交小波,这就是正交多分辨率分析。对于任意整数 j,由函数 $\varphi(t)$ 和 $\psi(t)$ 构造两个函数族 $\{2^{j/2}\varphi(2^jt-n);n\in\mathbf{Z}\}$ 和 $\{2^{j/2}\psi(2^jt-n);n\in\mathbf{Z}\}$ 都是空间 $L^2(R)$ 上的标准正交系,以它们为基构成的两个函数空间列 W_j 和 V_j,具有关系:$\forall j\in\mathbf{Z},V_{j+1}=V_j\oplus W_j$; $\forall j'\neq j$, W_j 与 $W_{j'}$ 正交。对于 $j=0$ 这个特例,有关系 $V_1=V_0\oplus W_0$,可以得知子空间 V_0 和 W_0 是 V_1 的两个正交的互补子空间,通过这种处理实现了空间 V_1 的正交直和分解。正交小波包分析的基本思想就是通过类似的处理实现空间 W_1 的正交直和分解,将 W_1 对应的频带分割得更精细,以提高信号处理的频率分辨率。

由

$$\begin{cases}\mu_{2m}=\sqrt{2}\sum\limits_{n\in\mathbf{Z}}h_n\mu_m(2t-n)\\ \mu_{2m+1}=\sqrt{2}\sum\limits_{n\in\mathbf{Z}}g_n\mu_m(2t-n)\end{cases} \tag{5.44}$$

定义的函数列 $\{\mu_m(t);m=0,1,2,\cdots\}$ 称为关于正交尺度函数 $\varphi(t)$ 的小波包。当 $n=0$ 时,有 $\mu_0(t)=\varphi(t)$,$\mu_1(t)=\psi(t)$。显然,对于任意的非负整数 m,$\mu_{2m+1}(t)$ 的

傅里叶变换 $N_{2m+1}(\omega)$ 可以写成

$$N_{2m+1}(\omega) = H_l\left(\frac{\omega}{2}\right)N_m\left(\frac{\omega}{2}\right);l=0,1 \tag{5.45}$$

二、小波包分解与合成算法

1. 小波包分解的 Mallat 算法

在一维情况下,小波包分解产生一个完整的二叉树;在二维情况下,它产生一个完整的四叉树。

类似于小波分解公式,容易得到小波包分解的 Mallat 算法公式:

$$\begin{cases} d_{j,n}^{(2l)} = \sum_{m \in \mathbf{Z}} \bar{h}_{m-2n} d_{j+1,m}^{(l)} \\ d_{j,n}^{(2l+1)} = \sum_{m \in \mathbf{Z}} \bar{g}_{m-2n} d_{j+1,m}^{(l)} \end{cases} \tag{5.46}$$

2. 小波包重构的 Mallat 算法

类似于小波重构公式,容易得到小波包重构的 Mallet 算法公式:

$$d_{j+1,m}^{(l)} = \sum_{m \in \mathbf{Z}} (h_{m-2n} d_{j,n}^{(2l)} + g_{m-2n} d_{j,n}^{(2l+1)}) \tag{5.47}$$

第五节　基于小波分析的核辐射脉冲信号奇异性检测

当实际获取核辐射探测器输出信号的幅度或时间信息时,不可避免地会遇到探测器和电子器件本身所固有的噪声。这种噪声叠加、混杂到信号上,将使核辐射测量系统的能量或时间分辨能力受到影响,甚至于某些有用的微弱信号会被噪声所"淹没"。如图 5.2 所示,这是一个负脉冲波形示意图,从局部放大图上可以看出,由于噪声的影响,已经无法分辨该波形是否叠加双脉冲,无法正确判别其性质,为下一步分析带来困难。所以,要精确分析核探测器信号时,噪声是提高测量精度的严重障碍。

实际进行测量获取信号时,还会遇到许多干扰因素,主要包括空间电磁波感应,工频(50Hz)交流电网的干扰,以及电源纹波干扰等外界因素。干扰和噪声一样会影响系统的正常工作,增加测量误差,使得系统在没有信号输入时也有输出,但是它和噪声的来源不同,噪声来源于系统内部,而干扰则来源于外部。干扰对测量的影响,可在电路和工艺上设法予以减小或消除,如采用电或磁的屏蔽措施、电源隔离、外壳接地等方法。在电路上,常采用各种滤波电路(如高通滤

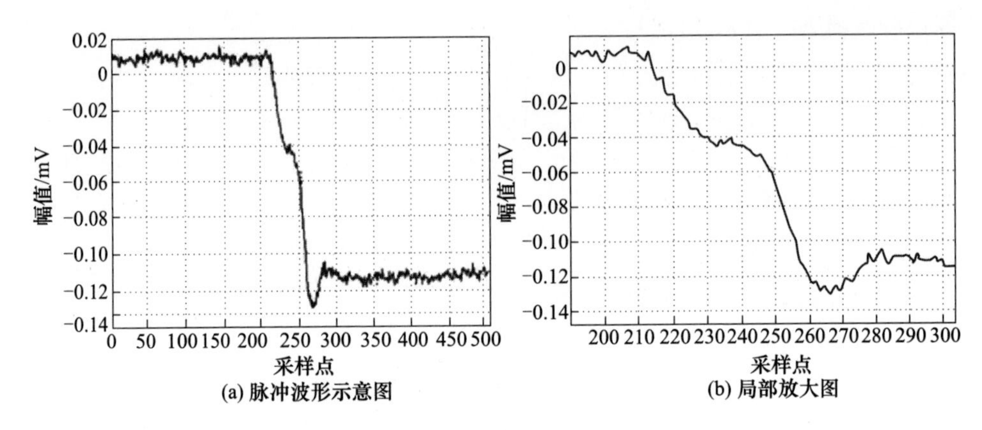

图 5.2 负脉冲波形示意图

波、低通滤波、谐振滤波等)和稳压措施等。所以,有时虽然外部干扰不小,但总是能够设法改善,以使它对测量的影响可以忽略。

噪声与干扰不同,它产生的原因在于系统内部。电子学线路是由电阻、电容、晶体管和集成电路等元器件组成的,元器件中载流子的随机运动或载流子的数量涨落会在线路的输出端产生随机涨落的无用信号,这就是噪声。噪声的存在是由元器件本身决定的,原则上可以设法减小但是无法完全消除,因此它是影响测量的主要因素。例如,当一个核探测器与放大器相连时,即使没有任何核辐射源,但在放大器的输出端,仍能测量到在平均值上下起伏波动的随机涨落电压。

核电子学中的噪声主要有三类:

(1) 散粒噪声。在电子器件或半导体探测器中,由于载流子产生和消失的随机涨落,形成通过器件的电流的瞬时波动,或输出电压的波动,如探测器漏电流的噪声、场效应管栅极漏电流的噪声等。

(2) 热噪声。它是由导体或电阻中载流子的热运动,使电路中的电流产生涨落所造成的,与电路的外加电压和平均电流无关,主要与温度有关,如场效应管的沟道热噪声、电阻原件的热噪声等。

(3) 低频噪声。它是存在于合成炭质电阻、晶体管和场效应管中的一种随频率降低而增大的低频噪声,如场效应管闪烁噪声等。

除了上述三类噪声外,由于系统安装位置的机械振动或冲击,也会造成一种颤噪声。上述各类噪声都同时叠加、混杂到被测量分析的核信号上,所以为了提高测量分析的精度,需要将信号通过电路或其他方法进行滤波处理。

由于射线在探测器中固有的统计涨落、电子学系统噪声的影响,测量得到的信号幅度数据有很大的统计涨落。脉冲幅度的涨落将会使信号数据处理产生误差，其主要表现为在形成能谱过程中丢失弱峰或出现假峰、能量分辨率变坏、峰净面积计算的误差加大等。信号脉冲幅度数据的预处理就是以一定的数学方法对信号脉冲幅度数据进行处理，减少信号脉冲幅度数据中的统计涨落，但处理之后形成的波形曲线应尽可能地保留除噪前曲线中有意义的特征，最后形成峰的形状和峰的净面积不应产生很大的变化。在核物理实验领域，一般为了解析能谱方便会对测量形成的能谱进行预处理，而不是针对脉冲波形，工作人员通常称这种预处理为平滑，由于其对象是能谱，所以不算是严格意义上的除噪处理，直接对信号脉冲波形数据进行预处理，这才是严格意义上的除噪处理。

在核辐射脉冲信号处理时，像脉冲堆积、电压振荡、基线漂移等是辐射测量、信号测量时最常见的信号质量干扰因素，因而对此进行监测和统计也就显得特别重要。辐射脉冲测量中脉冲幅度和脉冲时间是最重要的两个指标。人们希望从监测到的实际脉冲波形中直接获得脉冲上升或下降的起始时间、幅值等指标。其中，脉冲上升或下降的起始时间的精确确定则是为获取以上指标首先要解决的问题。

脉冲上升或下降的起始时间常常对应着电压信号的奇异点。函数在某点具有奇异性，是指信号在该点间断或其某阶导数不连续。在数学上，通常采用 Lipschitz 指数来表征信号的奇异性，如信号 $f(t)$ 在点 t_0 的 Lipschitz 指数 $a<1$，则称信号 $f(t)$ 在 t_0 是奇异的。长期以来傅里叶变换是研究信号奇异性的主要工具。一般可通过观察信号的傅里叶变换的衰减性来判断其奇异性。但由于傅里叶变换缺乏空间局部性，因而只能确定信号的整体性质，而难以确定奇异点在空间的位置及其分布情况。小波变换则具有很好的空间局部化性质，因而可用来分析信号的局部奇异性，通过信号的小波变换模的极值点在多尺度上的综合表现来表示信号的突变或暂态特征。

小波分析具有良好的时—频局部化分析能力，可以对信号进行多尺度分析。对于核辐射脉冲信号分析处理，首先主要是提取信号中的奇异性特征，以分析核辐射信号的情况，这包括应用小波变换进行核辐射脉冲信号特征提取、核辐射脉冲信号的奇异点监测、提取信号中某一频率区间的信号、进行信号中某一频率区间的抑制或衰减等。下面通过对实际的核辐射脉冲信号的分析来说明小波变换在核辐射脉冲信号奇异性检测中的应用。信号分析结果表明了这种基于小波分析的系统信号奇异点的检测的有效性。

一、模极大值定义

模极大值定义为：若点 (a_0, b_0) 满足：

$$\left.\frac{\partial W_f(a_0,b_0)}{\partial t}\right|_{t=t_0}=0 \tag{5.48}$$

则称点(a_0,b_0)为局部极值点；若$\forall t\in(t_0,\delta)$，有$|W_f(a_0,t)|\leqslant|W_f(a_0,t_0)|$成立，则称点$(a_0,b_0)$为模极大值。

二、李氏指数

这是数学上表征函数局部特征的一种度量。设函数$x(t)$在t_0附近具有下述特征：

$$|x(t_0+h)-p_n(t_0+h)|\leqslant A\ |h|^a, n<a<n+1 \tag{5.49}$$

则称$x(t)$在t_0处的李氏(Lipschitz)指数为a，图5.3是其图示说明，图中h是一个充分小量，$p_n(t)$是过$x(t)$点的n次多项式($n\in\mathbf{Z}$)。

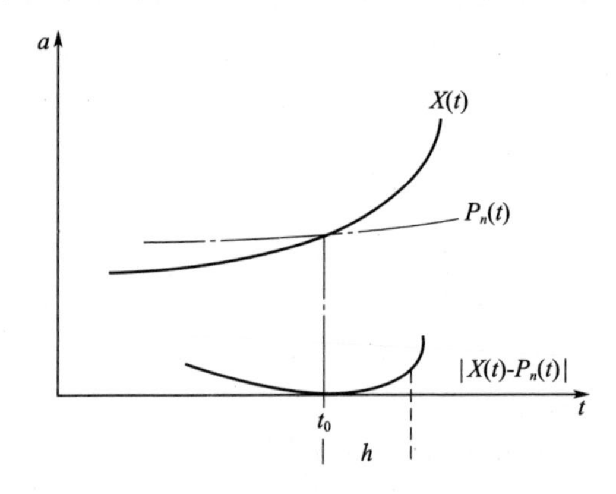

图5.3 李氏指数含义的示意图

实际上，$p_n(t)$就是$x(t)$在t_0点作泰勒级数展开的前n项，即

$$x(t)=x(t_0)+a_1h+a_2h+\cdots+a_nh^n+o(h^{n+1})=p_n(t)+o(h^{n+1}) \tag{5.50}$$

显然a未必然等于$n+1$，它必定大于n，但可能小于$n+1$，如

$$x(t)=x(t_0)+a_1h+a_2h+a_{2.5}h^{2.5} \tag{5.51}$$

由此可见，如果$x(t)$为n次可微，但n阶导数不连续，因此$n+1$次不可微，则$n<a\leqslant n+1$；如果$x(t)r$的 Lipschitz 指数为a，则$\int x(t)\,\mathrm{d}t$的 Lipschitz 指数必为$a+1$，即每积分一次，Lipschitz 指数增1。

函数在某一点的李氏指数表征了该点的奇异性大小。李氏指数β越大，该点光滑度就越高；李氏指数β越小，该点的奇异性就越大。如果函数$f(t)$在某一点可导，它的$\beta\geqslant1$；如果$f(t)$在某点不连续但其值有限，那么$0\leqslant\beta\leqslant1$；特别的，对于脉冲函数，$\beta=-1$；对于白噪声，$\beta\leqslant 0$。

若函数$f(t)$在区间(t_1,t_2)中有$W_f(a,t)\leqslant Ka^{\beta}$成立，则$f(t)$在区间$(t_1,t_2)$中为均匀的李氏指数恒为$\beta$。实际上，给出尺度$a$趋于0时$W_f(a,t)$渐进衰减的条件，也就是表明了$|W_f(a,t)|$比尺度$a$衰减得快。因为奇异点$t_0$的李氏指数小于$(t_0,\delta)$内其他点的李氏指数，所以当$a\to 0$时，$t_0$处小波变换值衰减的最慢，这样当$(t_0,\delta)$内其他点的小波变换值不断收敛，使得$t_0$处的小波变换值成为模极大值时，检测信号的奇异性转变为小波变换的模极大值检测，证明了小波分析模极大值原理是可以检测出信号奇异点的，它与表征函数局部特征的度量，即李氏指数是存在内在联系的。

三、小波变换与信号的奇异性表征

母小波$\psi(t)$经尺度因子s伸缩后得

$$\psi_s(t)=\frac{1}{s}\psi\left(\frac{t}{s}\right),s\neq 0 \tag{5.52}$$

对任意的函数$x(t)\in L^2(R)$的小波变换的卷积形式定义为

$$WT_a x(\tau)=x*\psi_a(t)=\frac{1}{a}\int x(\tau)\psi\left(\frac{t-\tau}{a}\right)\mathrm{d}t \tag{5.53}$$

其中

$$\psi_a(t)=\frac{1}{a}\psi(\frac{t}{a}) \tag{5.54}$$

这也就是把小波变换$WT_a x(t)$看成是信号$x(t)$通过冲激响应为$\psi_a(t)$的系统后的输出。一般取$a=2^j,j\in\mathbf{Z}$，而t取连续变化的值。

定理5.1 （Mallat，1992）：对函数$x(t)\in L^2(\mathbf{R})$，设$0<\alpha<1$，对任意$\varepsilon>0$，$x(t)$在区间$[a+\varepsilon,b-\varepsilon]$上的一致Lipschitz指数为$a$，当且仅当对任意$\varepsilon>0$存在一常数$K_\varepsilon$，对$t\in[a+\varepsilon,b-\varepsilon]$和$s>0$，有

$$Wx(s,t)\leqslant K_\varepsilon s^a \tag{5.55}$$

定理5.2 （Mallat，1992）：设n是一个正整数且$a\leqslant n$，若函数$x(t)\in L^2(\mathbf{R})$在t_0处的Lipschitz指数为a，则存在一个常数K，满足对在t_0点的一个邻域的所有t和任意尺度s，有

$$|Wx(s,t)|\leqslant K(s^a+|t-t_0|) \tag{5.56}$$

定理5.1和定理5.2表明小波变换特别适宜估计函数的局部奇异性。利用小波变换可分析函数的局部奇异性，小波变换的值取决于$x(t)$在t_0的邻域内的特性及小波变换选取的尺度，在较小的尺度上，它提供了$x(t)$的局部化性质。

在很多实际的数值计算中，很难直接运用定理5.1和定理5.2来检测函数的局部奇异性和估计Lipschitz指数，因为要在二维相平面上搜索任一点 t_0 在其邻域中 $|Wx(s,t)|$ 的渐进性质，需要较大的计算量。

四、信号奇异性检测与小波变换的模极大值

定义5.1：若实函数 $\theta(t)$，满足 $\theta(t)=O\left(\frac{1}{1+t^2}\right)$ 且它的积分非零，则称它为平滑函数，如高斯函数 $g(t)=\mathrm{e}^{\left(-\frac{t^2}{2}\right)}$。

若选择小波函数为平滑函数的一阶导数，即

$$\psi(t)=\frac{\mathrm{d}\theta(t)}{\mathrm{d}t} \tag{5.57}$$

记 $\theta_s(t)=\frac{1}{s}\theta\left(\frac{t}{s}\right)$，则 $x(t)\in \mathrm{L}^2(\mathbf{R})$ 的小波变换为

$$Wx(s,t)=x*\psi_s(t)=x(t)*\left(s\frac{\mathrm{d}\theta}{\mathrm{d}t}\right)(t)=s\frac{\mathrm{d}}{\mathrm{d}t}[x(t)*\theta_s(t)] \tag{5.58}$$

即小波变换 $Wx(s,t)$ 可表示为函数 $x(t)$ 在尺度 s 被 $\theta_s(t)$ 平滑后的一阶导数。$x(t)$、$x(t)*\theta_s(t)$ 和 $Wx(s,t)$ 如图5.4所示，表明了函数 $x(t)$ 的奇异点和小波变换 $Wx(s,t)$ 的模极大值之间的关系。

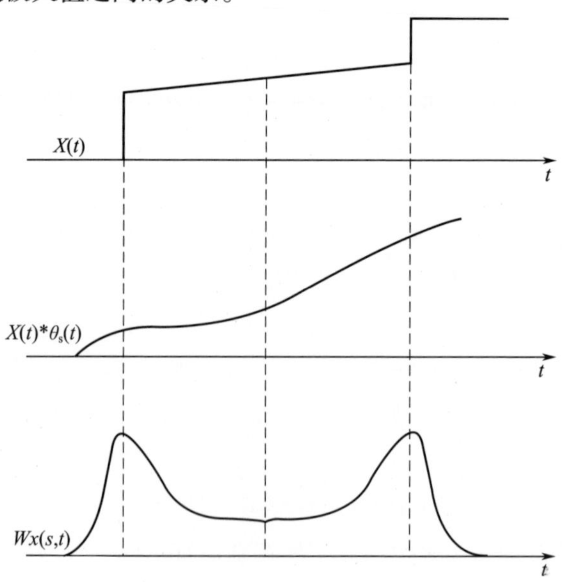

图5.4　函数奇异点与其小波变换的模极大值线

定义 5.2：在尺度 s_0 下，若$\frac{\partial Wx(s_0,t)}{\partial t}$在 $t=t_0$ 处有一过零点，则称点(s_0,t_0)是局部极值点。若对属于 t_0 的某一邻域内的任意点，有 $|Wx(s_0,t)|\leqslant|Wx(s_0,t_0)|$，则称点$(s_0,t_0)$为小波变换的模极大值点。尺度空间$(s,t)$中所有模极大值点的连线称为模极大值线。

定理 5.3 （Mallat，1992）：设 n 为一正整数，函数 $x(t)\in L^2(R)$，$\psi(t)$为有 n 阶消失矩、n 次连续可微和具有紧支集的小波。

（1）若存在尺度 $s_0>0$，使得 $\forall s<s_0, t\in[a,b]$，$|Wx(s,t)|$没有局部极大值点，则 $\forall\varepsilon>0$ 和 $a<n$，$x(t)$在区间$[a+\varepsilon,b-\varepsilon]$上的一致 Lipschitz 指数为 a。

（2）若 $\psi(t)$是某个平滑函数的 n 阶导数，则 $x(t)$在任何区间$[a+\varepsilon,b-\varepsilon]$上的一致 Lipschitz 指数为 a。

定理 5.3 证明了若函数的小波变换在精细的尺度上没有模极大值，则函数在该处任何邻域中无奇异性。

定理 5.4 （Mallat，1992）：设函数 $x(t)$是一个平稳的分布，它的小波变换定义在区间$[a,b]$上，且 $t_0\in[a,b]$，若存在一个尺度 $s_0>0$ 和一个常数 C，满足对 $t\in[a,b]$和 $s<s_0$，$Wx(s,t)$的所有模极大值点在一个锥体内：

$$|t-t_0|\leqslant Cs \tag{5.59}$$

则对所有 $t_1\in[a,b]$，$t_1\neq t_0$，函数 $x(t)$在 t_1 点的一个邻域内的一致 Lipschitz 指数为 n。设 $a<n$ 是一个非整数，函数 $x(t)$在 t_0 点的 Lipschitz 指数为 a，当且仅当存在一个常数 K 使得锥内的每个模极大值点，有

$$|Wx(s,t)\leqslant Ks^a| \tag{5.60}$$

五、信号奇异点的小波变换模极大值的尺度传播特性

由定理 5.4 可知：当 $t\in[a,b]$时，若有$|Wx(s,t)\leqslant Ks^a|$，则 $x(t)$在此区间上的一致 Lipschitz 指数为 a。当 $s=2^j(j\in Z)$，即二进离散小波变换，式(5.60)变为

$$|W_{2^j}x(t)|\leqslant K2^{ja} \tag{5.61}$$

式(5.61)把小波变换的尺度参数 j 与 Lipschitz 指数 a 联系起来。它指出：当 $a>0$ 时，小波变换的模极大值点的幅值将随着尺度参数 s(也就是 j)的增大而增大；当 $a<0$ 时，则随 a 的增大而减小；当 $a=0$ 时，则小波变换的模极大值点的幅值不随尺度而改变。图 5.5 清楚地表现出上述特性 $t=2$ 处有一阶跃($a=0$)，$t=3$ 处有一脉冲($a=-1$)，$t=1,4$ 处则有 $a>0$ 的正规性。

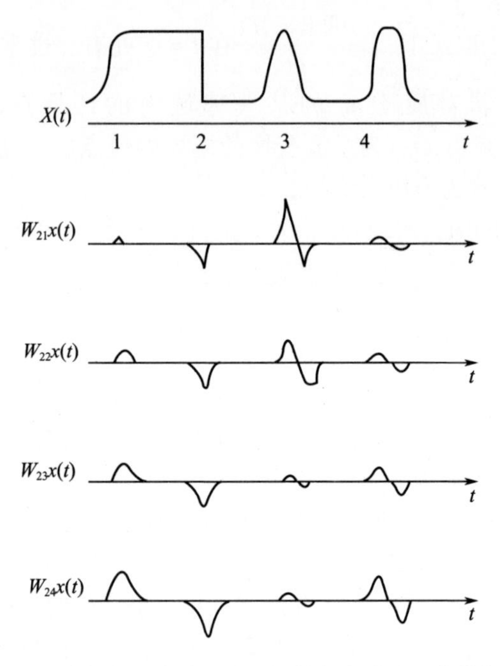

图 5.5　几种突变边缘的小波变换模极大值的尺度传播特性

平滑因子 σ 是另一个表征边缘特性的参数，如图 5.5 所示，$t=1$ 和 4 处变化较平缓的边缘 $x(t)$ 可视为原始的奇异函数 $h(t)$ 被一高斯函数 $g_\sigma(t)$ 卷积的结果，即

$$x(t)=h(t)*g_\sigma(t) \tag{5.62}$$

其中

$$g_\sigma(t)=\frac{1}{\sqrt{2\pi\sigma}}\mathrm{e}^{-\frac{t^2}{2\sigma^2}}$$

平滑因子 σ 反映了信号边缘过渡的快慢。可证明：若小波函数 $\psi(t)$ 为高斯函数 $\theta(t)$ 的一阶导数，用 $\psi(t)$ 对 $x(t)$ 作小波变换，则满足：

$$|W_{2^j}x(t)|\leqslant K2^j[(2^j)^2+\sigma^2]\frac{\sigma-1}{2} \tag{5.63}$$

式(5.63)说明：K、a、σ 是描述小波变换模极大值随尺度变化的定量特征，可由不同尺度下函数的小波变换的模极大值点求得。

六、白噪声的小波变换模极大值的尺度传播特性

设 $n(t)$ 是方差为 σ^2 的白噪声，$W_{2^j}n(t)$ 是它的二进离散小波变换，则 $W_{2^j}n(t)$

也是一随机过程,其方差为

$$E[|W_{2^j}n(t)|^2] = \int_{-\infty}^{+\infty}\int_{-\infty}^{+\infty}E[n(u)n(v)]\psi_{2^j}(t-u)\psi_{2^j}(t-v)\mathrm{d}u\mathrm{d}v$$
$$= \int_{-\infty}^{+\infty}\sigma^2\psi^2 2^j(t-u)du \tag{5.64}$$

又

$$\psi_{2^j}(x) = \frac{1}{2^j}\psi\left(\frac{x}{2^j}\right)$$

故

$$E[|W_{2^j}n(t)|^2] = \frac{\|\psi\|^2}{2^j}\cdot\sigma^2 \tag{5.65}$$

由于小波函数具有紧支集,$\|\psi\|^2$ 为常数,σ^2 也一定,故 $E[|W_{2^j}n(t)|^2]$的平均幅值反比于尺度 2^j。

设 $n(t)$为高斯白噪声,则 $W_{2^j}n(t)$也是高斯白噪声,且小波变换的模极大值点的平均密度为

$$\mathrm{d}s = \frac{1}{2^j\pi}\left(\frac{\|\psi^{(2)}\|}{2\|\psi^{(1)}\|} + \frac{\|\psi^{(1)}\|}{\|\psi\|}\right) \tag{5.66}$$

式中:$\psi^{(1)}(t)$和 $\psi^{(2)}(t)$为 $\psi(t)$的一阶和二阶导数。由此可见,高斯白噪声的平均稠密度反比于尺度 2^j,即尺度越大,其平均稠密度越稀疏,以上两式成为区分信号和噪声的小波变换模极大值在多尺度空间的传播行为的重要特性之一。另外,可证明白噪声是一个几乎处处奇异的随机分布,它的 Lipschitz 指数为 $-\frac{1}{2}-\varepsilon(\varepsilon>0)$。

七、核辐射脉冲信号的奇异性检测

根据上述的理论探讨,可采用模极大值方法来提取核辐射脉冲信号中的前沿起始点和结束点(突变点),使用 LabVIEW 进行编程计算,计算结果如图 5.6 所示。

图 5.6 中,图 5.6(a)是单脉冲信号波形,图 5.6(b)是小波变换系数灰度图,图 5.6(c)是检测出的模极值,对应着信号突变点的位置。从图上的计算结果可以看出,采用小波模极大值方法来检测信号突变点,能够方便快捷地求出信号前沿起始点和结束点的位置,满足提取信号前沿幅度和时间信息的要求。

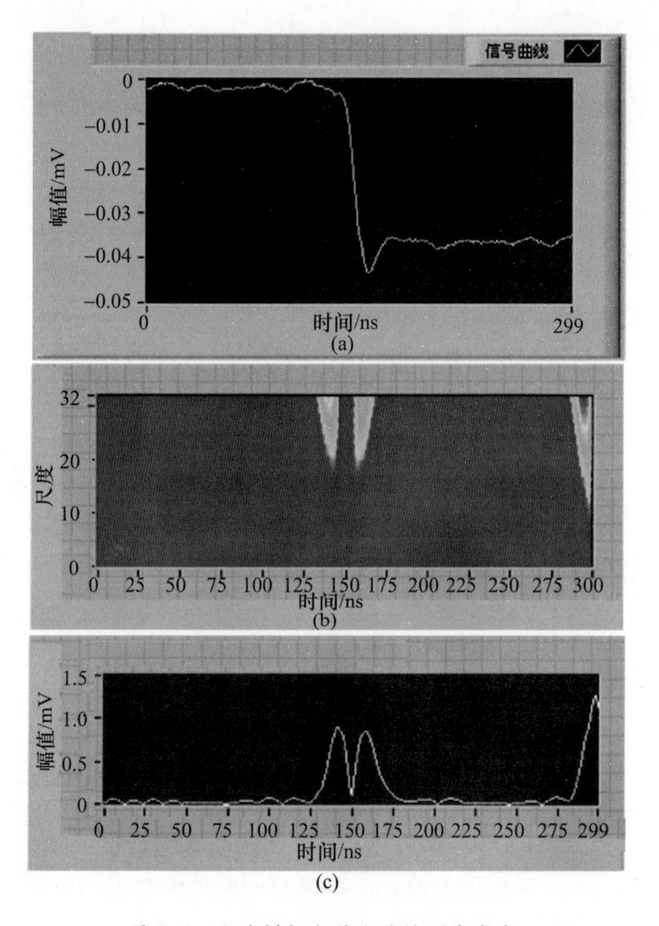

图 5.6　小波模极大值方法检测突变点

第六节　基于小波分析的核辐射脉冲信号消噪处理

解决噪声问题,可以利用成熟的硬件滤波技术,但当噪声频谱和信号频谱重叠,或噪声幅度接近或大于信号幅度时,硬件滤波有可能使信号失真严重,基于软件的数字滤波技术日益受到人们关注。

数字滤波是指通过一段计算机程序对采样信号进行平滑加工,提高有用信号的比例,消除或减少干扰噪声。数字滤波器与模拟滤波法相比具有如下优点:

(1) 数字滤波不需要硬件设备,只需要软件编写一个滤波程序即可,从而降低成本,且不存在阻抗匹配问题,尤其是可以对很高的频率或很低的频率进行滤波,这是模拟滤波方法难以实现的。

（2）稳定性高，可预测。

（3）不会因温度、湿度的影响产生误差，不需要精度组件。

（4）便于根据不同传感器的输出特点及环境状况改变滤波参数，选择不同的滤波方法。

目前已有多种噪声消除算法，如傅里叶变换法、卡尔曼滤波法、自适应滤波等，它们滤波效果很好，但也存在明显不足。工程中常采用的传统的傅里叶变换方法不能满足非平稳信号滤波预处理的要求，因为：它不能区分哪些是表现突变部分的有用高频量，哪些是属于噪声的无用高频量；它不能给出在某个局部时间段或时间点上的信号频域变化表现。实际上，上述的几种噪声消除算法等价于信号通过一个低通或者带通滤波器，在信号低信噪比的情况下，经过滤波器的平滑，不仅信噪比得不到较大改善，且在消除噪声的同时，信号高频部分的信息也丢失了。更糟糕的是，对信号检测具有重要意义的信号奇异点也有可能被滤掉。故传统的信号去噪方法不适于处理核辐射脉冲这类非平稳信号，信息提取和消噪就不可能实现。

由于传统去噪方法的种种限制，考虑采用基于小波的信号去噪方法。近年来，在信号去噪领域，小波理论受到了许多学者的重视，得到了迅速发展，主要原因是其良好的时频特性和具有多分辨率分析的特点，对信号不同频率成分的时间分辨率不同，可由粗及精地观察信号。小波去噪是一个信号滤波的问题，尽管在很大程度上小波去噪可以看成是低通滤波，但是由于在去噪后，还能成功地保留信号的细节特征，在这一点上它又优于传统的低通滤波器。由此可见，小波变换去噪方法能在保留系统采样信号有用高频部分的条件下滤掉噪声，保留对信号检测有重要意义的信号奇异点。

常用的小波降噪方法分为以下三类。

第一类方法由 Mallat 提出，基于小波变换模极大值原理。它根据信号和噪声在小波变换各尺度上的不同分解特点（随着尺度的增大，信号所对应的模极大值增大，噪声所对应的模极大值减小）来剔除由噪声产生的模极大值，保留信号所对应的模极大值点，然后利用剩余的模极大值进行重构小波系数恢复信号。信号经过模极大值去噪之后，小波系数仅剩下模极大值点处的值，其余部分都被置于零。如果仅通过有限个模极大值点去直接重构信号，则所得重构信号误差较大。为了减小这种误差，Mallat 的交替投影法的思路是，在信号重构之前，先利用这些模极大值点恢复原始信号的小波变换系数。该算法可以逼近原始小波系数，但其计算量很大，程序复杂，目前有大量新的改进算法。

第二类方法是对含噪信号进行小波变换后，计算相邻尺度间小波系数的相关性，根据相关性的大小区别小波系数的类型，从而取舍，然后直接重构信号，达到降噪的目的。

第三类方法由 Donoho 提出,称为阈值方法。该方法认为信号所对应的小波系数中包含有信号的重要信息,其幅值较大,但数目较少,而噪声对应的小波系数是一致分布的,数目较多,但幅值小。基于这一思想,Donoho 等人提出了软阈值和硬阈值去噪方法,即在众多的系数中,把绝对值较小的系数置为 0,而让绝对值较大的系数保留或收缩,分别对应于硬阈值和软阈值方法,得到估计小波系数,然后利用估计小波系数直接进行信号重构。

由于脉冲信号与白噪声都具有负的 Lipschitz 指数,其小波变换的模极大值同样随尺度的增大而减少。因此,在信号含有脉冲信号的情况下,Mallat 的去噪方法不适用。针对辐射测量系统中脉冲信号,本书基于 Donoho 提出的小波阈值去噪方法,也是对信号先求小波变换,然后对小波变换值进行去噪处理,最后反变换得到去噪后的信号。去噪处理中阈值的选取是基于近似极大极小化思想,以处理后的信号与原信号以最大概率逼近为约束条件,然后考虑采用软阈值,并以此对小波变换系数做处理,能获得较好的去噪效果,有效提高信噪比。本书编制了相应的去噪程序,作为核辐射测量系统中脉冲信号的去噪方法。

小波阈值降噪示意图如图 5.7 所示。

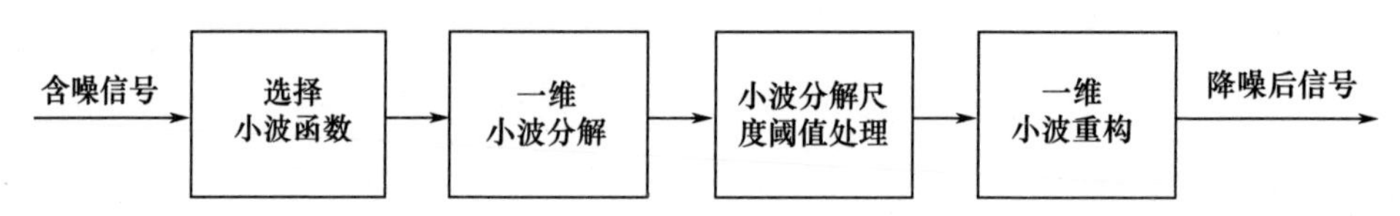

图 5.7　小波阈值降噪过程流程图

一、含噪声信号的小波分析特性

运用小波分析进行信号消噪处理是小波分析的一个重要应用。一个含噪声的一维信号的模型可以表示成如下的形式:

$$f(t) = s(t) + n(t) \tag{5.67}$$

式中:$s(t)$为真实信号;$n(t)$为噪声;$f(t)$为含噪声的信号。噪声模型 $n(t)$可以认为简单的噪声模量,即为高斯白噪声 $N(0,1)$。

在实际的工程中,直接从观测信号 $f(t)$中把有用信号 $s(t)$提取出来是十分困难的,必须借助于变换方法,小波变换理论为信号的去噪提供了强有力的工具,克服了传统方法处理非平稳信号的局限性。

对于一维信号 $f(t)$来说,对其离散采样,得到 N 点离散信号 $f(n)$,$n=0,1,2,\cdots,N-1$,其小波变换为

$$WT_x(j,k) = \int x(t)\psi_{jk}^*(t)\,\mathrm{d}t \tag{5.68}$$

二进制小波为 $\psi_{jk}(t) = 2^{-\frac{j}{2}}\psi(2^{-j}t - k)$。

有用信号通常表现为低频信号或是一些比较平稳的信号，而噪声信号通常表现为高频信号。所以，消噪过程可如下处理：首先，对信号进行小波分解，如图 5.8所示，则噪声部分通常包含在 CD_1、CD_2、CD_3中，因而可以以门限阈值等形式对小波系数进行处理；然后对信号进行重构，即可达到消噪的目的。对信号 $f(t)$消噪的目的就是要抑制信号的噪声部分，从而恢复出真实信号 $s(t)$。

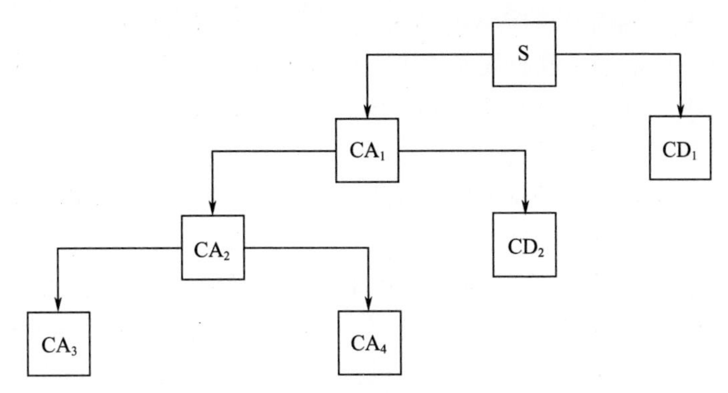

图 5.8 信号的小波分解树

CA、CD 分别为返回的低频系数和高频系数向量。如果要进一步分解，可以把低频部分 CA_3分解成低频部分 CA_4和高频部分 CD_4。

对观测信号 $f(t) = s(t) + n(t)$ 作离散小波变换之后，由小波变换的线形性质可知，分解得到的小波系数 W_{jk}仍然由两部分组成：一部分 $s(k)$对应的小波系数 $W_{s(j,k)}$，记为 $u_{j,k}$；另一部分 $n(k)$对应的小波系数 $W_{n(j,k)}$，记为 $v_{j,k}$。

二、噪声在小波分解下的特性

将噪声看成一个普通的信号，并对它进行分析，有三个主要特征需要注意，即相关性、频谱和频率分布。总体上来说，一个一维离散的信号，它的高频部分影响的是小波分解的高频第一层，低频部分影响的是小波分解的最深层及其低频层。如果对一个只是白噪声组成的信号进行小波分解，则高频系数的幅值随着分解层的增加而很快地衰减，并且高频系数的方差也很快地衰减。对噪声用小波分解的系数仍用 $c(j,k)$ 表示，其中 j 代表小波尺度，k 代表时间。

三、用小波分析对信号消噪

在实际的工程应用中，所分析的信号可能包含许多尖峰或突变部分，并且噪声也不是平稳的白噪声。对这种信号进行分析,首先需要作信号的预处理,将信号的噪声部分去除,提取有用的信号。而这种信号的消噪,用传统的傅里叶变换分析,显然无能为力,因为傅里叶分析是将信号完全在频域中进行分析,它不能给出某个时间点上的变换情况,使得信号在时间轴上的任何一个突变,都会影响信号的整个谱图。而小波分析由于能同时在时域、频域对信号进行分析(在频域内分辨率高时时间域内分辨率低,在频率域内分辨率低时时间域内分辨率高,且具有自动变焦的功能),所以它能有效地区分信号中的突变部分和噪声,从而实现信号的消噪。

一般来说,一维信号的消噪过程可分为三个步骤进行:

(1) 分解。选择小波函数和小波分解的层次,对信号 s 进行 N 层小波分解。

(2) 去噪。对于从第1层到第 N 层的每一层高频系数,选择一个阈值进行软阈值或硬阈值量化处理。

(3) 重构。根据第 N 层的低频逼近和经过量化处理后的第 $1\sim N$ 层的高频系数,计算出信号的小波重构。

在这三个步骤之中,最关键的就是如何选择阀值和如何进行阀值的量化。因为当阈值取得大时,容易使去噪后的信号产生失真;而阈值取得小时,又不易把噪声完全去除。因此从某种程度上说,它直接关系到信号消噪的质量。

四、阈值的选择

1. 固定阈值

采用固定的阈值形式,阈值为

$$T_1=\sigma\sqrt{2\ln N} \tag{5.69}$$

该方法的原理依据是 N 个具有独立同分布的标准高斯变量中的最大值小于 T_1 的概率随着 N 的增大而趋近于1。

若被测信号含有独立同分布的噪声时,经小波包变换后,噪声的小波包分解系数也是独立同分布的。若具有独立同分布的噪声经小波包分解后,它的系数序列长度 N 很大,则该小波包分解系数最大值小于 T_1 的概率趋近于1,即存在一个阈值 T_1,使得该序列的所有小波包系数都小于它。小波包系数随着分解层次的加深,其长度也越来越短,根据 T_1 的计算公式,可知该阈值也越来越小。在假定噪声具有独立同分布特性的情况下,可以通过设置简单的固定阈值来去除噪声。

2. Stein 无偏似然估计阈值

采用基于 Stein 无偏似然估计原理的自适应阈值。阈值选取规则为:设 $p=[p_1,p_2,\cdots,p_N]$,且 $p_1\leqslant p_2\leqslant\cdots\leqslant p_N$,$p$ 的元素为小波包分解系数的平方按由小到

大的顺序排列。定义风险向量 $\boldsymbol{R}$,其元素为

$$r_i = \frac{\left[N - 2i - (N - i)p_i + \sum_{k=1}^{i} p_k\right]}{N} \quad i = 0,1,2,\cdots,N-1 \tag{5.70}$$

以 R 元素中的最小值 r_a 作为风险值,由 r_a 的下标变量 a 求出对应的阈值,即

$$T_2 = \sigma\sqrt{p_a} \tag{5.71}$$

3. 混合型阈值

采用前两种阈值的综合,是最优预测变量阈值。设 p 为 N 个小波包分解系数的平方和,令 $u = (p - N)/N, v = (\log_2 N)^{2/3}\sqrt{N}$,则

$$T_3 = \begin{cases} T_1 & u \leqslant v \\ \min(T_1, T_2) & u > v \end{cases} \tag{5.72}$$

4. 最小最大准则阈值

采用的也是一种固定阈值,产生一个最小均方误差极值。在统计学上,这种极值原理用于设计估计器。因为被去噪的信号可看作与未知回归函数的估计式相似,这种极值估计器可在一个给定的函数集中实现最大均方误差最小化。

$$T_4 = \begin{cases} \sigma(0.3936 + 0.1829)\log_2 N & N \geqslant 32 \\ 0 & N < 32 \end{cases} \tag{5.73}$$

上面 4 个式子中,N 为含噪信号在所有尺度上的小波包分解系数的个数总和,σ 为噪声信号的偏差。在实际应用中,噪声信号的偏差 σ 往往未知,可由第一层小波包分解系数估计,即

$$\hat{\sigma} = \frac{\sum_{k=1}^{N} |c_{1,k}|}{0.6745N} \tag{5.74}$$

式中:$c_{1,k}$为第一层小波包分解系数;0.6745 为高斯白噪声标准偏差的调整系数。根据上式估计的噪声信号偏差满足 $\sigma < \hat{\sigma} \leqslant 1.01\sigma$(Donoho,1995),可见由 $\hat{\sigma}$ 可近似地估计噪声偏差 σ。

五、阈值函数的选择

各阈值函数的数学表达式如下。

硬阈值函数:

$$D^{H}(Y,T)=\begin{cases}Y & |Y|\geqslant T\\0 & |Y|<T\end{cases}\tag{5.75}$$

软阈值函数:

$$D^{S}(Y,T)=\begin{cases}\operatorname{sign}(Y)(|Y|-T) & |Y|\geqslant T\\0 & |Y|<T\end{cases}\tag{5.76}$$

式中:Y 为小波包分解系数;T 为阈值;$D(Y,T)$ 为去噪信号的小波包分解系数的估计值。硬阈值函数和软阈值函数的差异如图 5.9 所示。

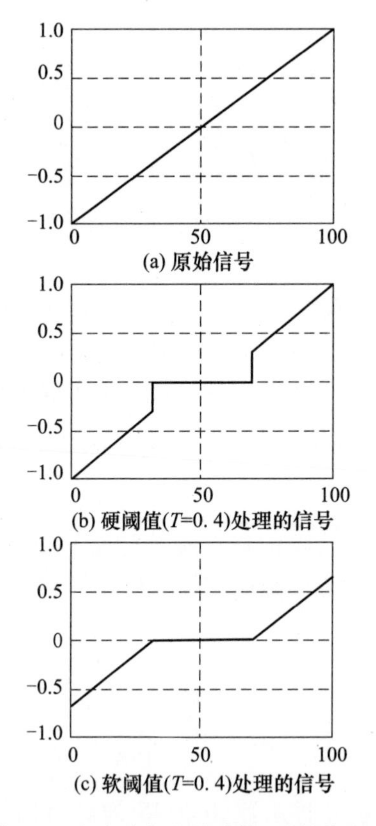

图 5.9　小波系数估计的软、硬阈值方法

这两种方法在实际应用中得到了广泛的应用。但 Bruce 和 Gao 于 1995 年证明了硬阈值方法往往有较大的方差(主要是由不连续造成的),而软阈值方法往往有较大的偏差(主要由于对于大于阈值的系数做了收缩造成的)。基于此,众多学者提出了很多改进方案。软硬阈值折衷法就是其中最简单而且效果很好的一种改进方案。

定义如下：

$$D^{S,H}(Y,T)=\begin{cases}\operatorname{sign}(Y)(|Y|-aT) & |Y|\geqslant T\\ 0 & |Y|<T\end{cases}\quad 0\leqslant a\leqslant 1 \tag{5.77}$$

当 a 分别取 0 和 1 时，式(5.77)即为硬阈值法和软阈值法。适当地调整 a 值，可以获得更好的去噪效果，可以看作是软阈值和硬阈值法的折衷方案。另外，虽然上面的 T 取法在理论上是最优的，但实际效果并不好，因此有多种取法。有的文献取的是 $T=\{\sigma\sqrt{2\log_2(N)}/\log_2(j+1)\}$，其中 j 是分解尺度。

重构算法：

$$c_{j+1,k}=\sum_n h_{k-2n}c_{j,n}+\sum g_{k-2n}\hat{d}_{j,n} \tag{5.78}$$

经过重构，就可以达到信号去噪的目的。阈值法去噪关键在于对小波系数的处理，如果处理得好，则能够更好地达到去噪的目的。

六、除噪实验及结果分析

为了选出最适合核辐射脉冲信号除噪的滤波方法，采用不同方法进行了除噪实验研究，将普通的数字滤波器以及小波滤波器进行了除噪效果对比分析。

采用普通的 FIR 低通数字滤波器对信号进行处理，滤波效果如图 5.10 所示，有相位失真和幅度损失现象，这是由低通滤波器的频率响应特性所决定的，而且高频毛刺滤波效果不是很好。

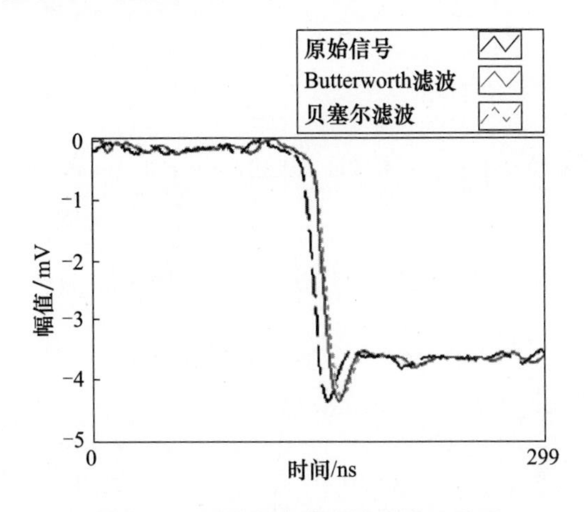

图 5.10　低通数字滤波器滤波效果图

采用小波滤波器进行滤波，消除了相位失真，减小了幅度损失，而且高频毛刺消除得比较干净，如图 5.11 ~ 图 5.18 所示。两者对比可以看出，采用小波滤波器，效果明显优于普通数字低通滤波器。

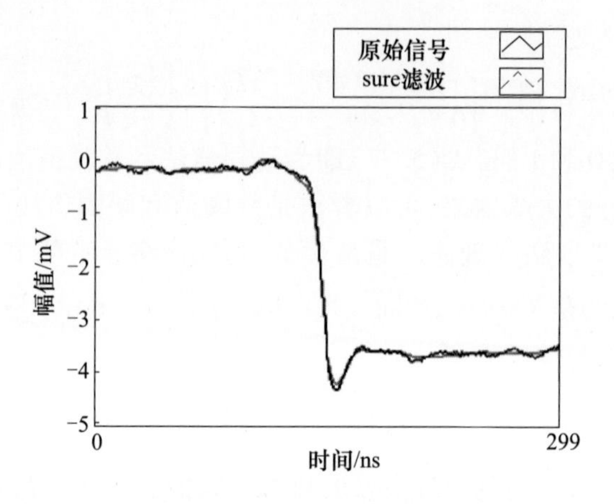

图 5.11　小波滤波器滤波效果图(db4 小波、sure 准则)

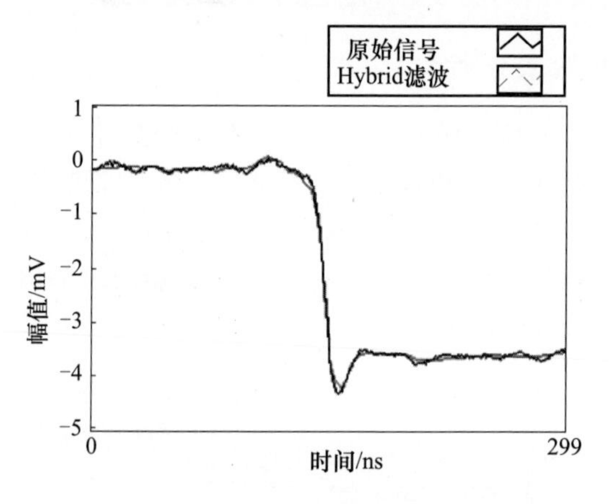

图 5.12　小波滤波器滤波效果图(db4 小波、Hybrid 准则)

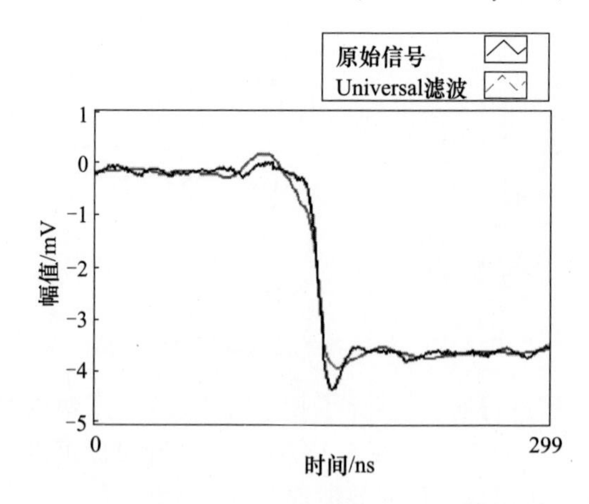

图 5.13　小波滤波器滤波效果图(db4 小波、Universal 准则)

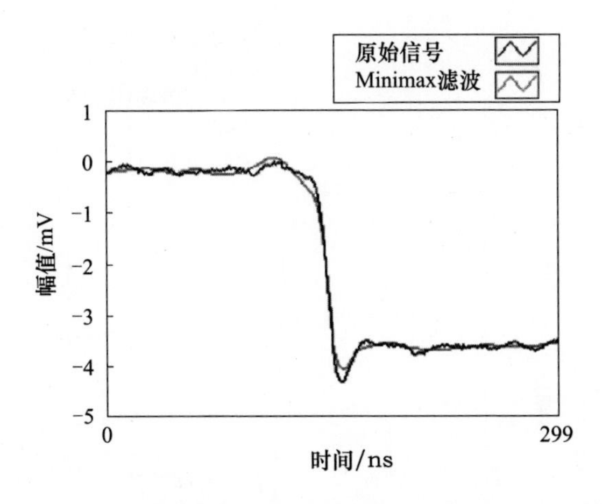

图 5.14　小波滤波器滤波效果图(db4 小波、Minimax 准则)

另外,我们还比较了不同类型小波滤波的效果。原始信号与滤波后的信号如图 5.15 中 5 条曲线所示。

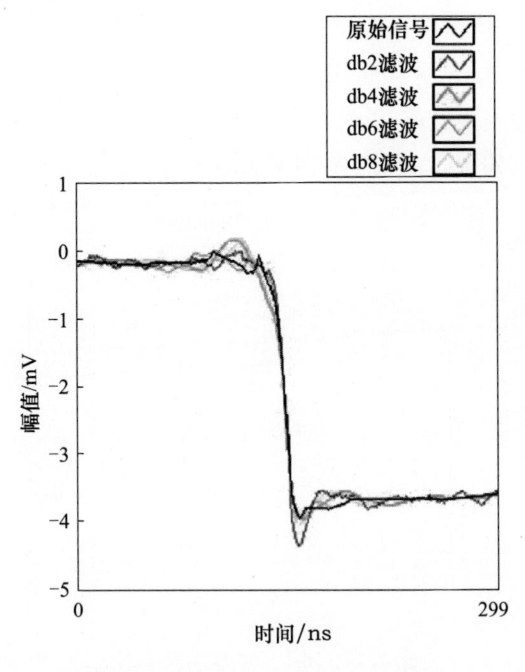

图 5.15　不同 db 小波滤波效果图

还使用 Harr 小波、bior1_5 小波 FBI 小波和 coif4 小波进行了滤波,原始信号与滤波后的信号如图 5.16 中 5 条曲线所示。

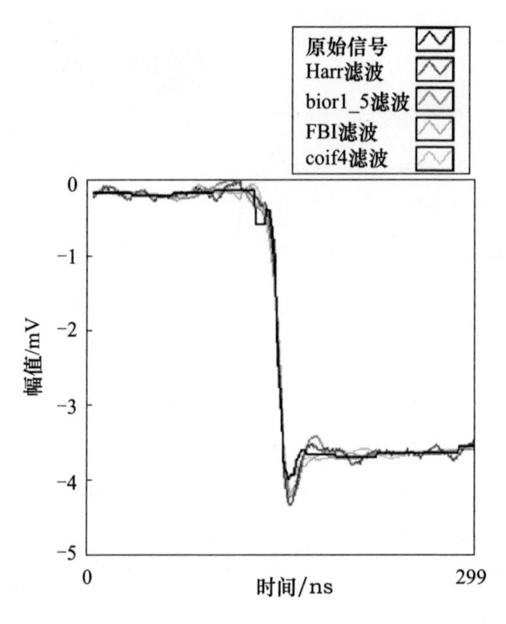

图 5.16　不同类型小波滤波效果图

总之,从几种不同小波函数的滤波效果来看,DB4 小波及 coif4 小波对核辐射脉冲信号的滤波效果较好,能够去除大多数噪声,保留有效信息,方便后续处理。其效果图分别如图 5.17、图 5.18 所示。

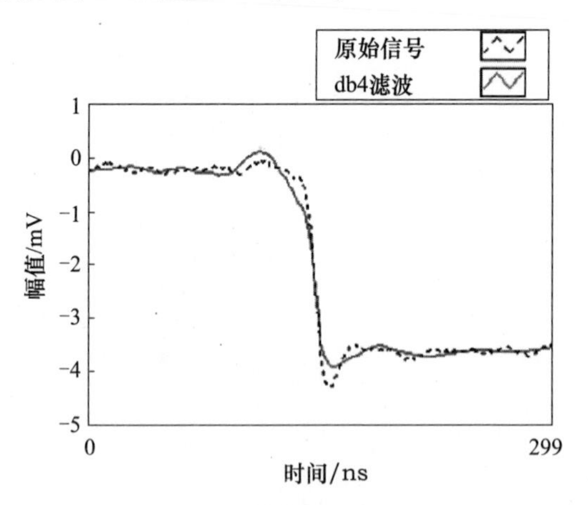

图 5.17　db4 小波滤波效果图

从以上的分析及实验信号处理可以知道,用小波对信号作滤波预处理,既可以消除噪声所表现的高频量,又能保留那些反映信号突变部分的高频量。基于小波变换的去噪方法,对非平稳信号去噪,要比传统的滤波去噪声得到的效果

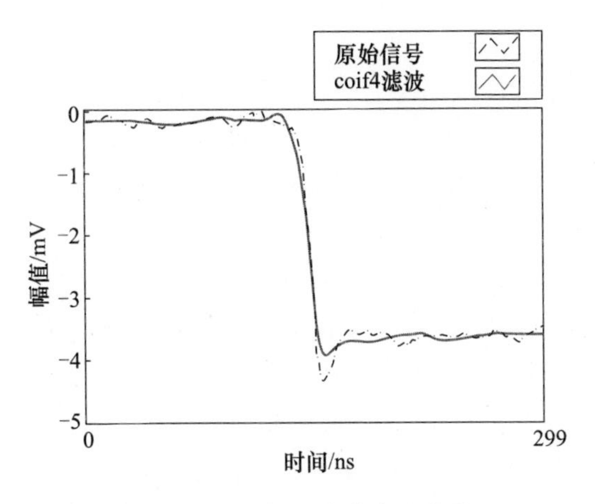

图 5.18 coif4 小波滤波效果图

好,主要是由于传统的滤波器都具有低通性,对需要分析在每个时刻含有不同频率成分的非平稳信号来说,很难对它进行匹配分析。而小波变换具有高分辨率,且在时频域都具有局部性,因此很适合用来分析非平稳信号。在用小波分析来进行去噪的关键在于阈值的选取,如果阈值选的太高,会使信号失去太多细节,使信号失真;如果阈值选的太低,又不能达到去噪的目的。基于多尺度算法来选择阈值,通过分析和使用消噪后的信号,发现消噪后的信号能够满足要求,由此可以判断该种方法取得了很好的消噪效果。

七、改进的时域降噪算法研究

传统的降噪方法一般是利用最小二乘移动平滑方法(Moving Least Squares Smoothing,MLSS)降噪。随着数字信号降噪技术的不断发展,小波变换逐渐成为脉冲降噪的主要工具,其多尺度分辨分析能力能够有效解决时频分析问题,随后发展起来的经验模态分解降噪方法(Empirical Mode Decomposition,EMD)脱离了基函数的限制,更加具有普遍适用性。研究人员在降噪中尝试了小波变换、EMD、FIR(Finite Impulse Response)滤波器、MLSS 等降噪方法,在实验的基础上对各种算法进行了比较,寻求针对液体闪烁体探测器脉冲信号的最佳降噪算法。

1. 降噪算法基本原理

1) 小波变换降噪算法

小波变换降噪是利用小波变换对脉冲信号进行分解与重建,在重建的过程中适当抑制噪声相对较大支集的系数而保留信号特征相对较大支集的系数,从而达到抑制噪声的效果。降噪基本过程如下:

(1) 选择合适小波基函数(采用 sym4),利用下式对原始信号进行 3 层分解：

$$\begin{cases} x_k^{(j)} = \sum_n h_0(n-2k)x_n^{j+1} \\ d_k^{(j)} = \sum_n h_1(n-2k)x_n^{j+1} & j \geqslant 0, j \in Z \\ h_1(n) = (-1)^n h_0(N-n) \end{cases} \tag{5.79}$$

式中：$x_k^{(j)}$为在分解尺度j分解下的低频系数；$d_k^{(j)}$为高频系数；$h_0(n)$为通带低频截止频率；$h_1(n)$为通带高频截止频率。

（2）利用软阈值方法对第1～3层的高频系数进行收缩。

（3）根据小波分解第3层的低频系数和经过阈值衰减处理后各层的高频系数进行小波的重构，以恢复原始信号。小波重构公式为

$$x_n^{j+1} = \sum_k h_0(n-2k)x_k^{(j)} + \sum_k h_1(n-2k)d_k^{(j)} \tag{5.80}$$

2）EMD降噪算法

EMD降噪的基本原理是将一维信号经EMD分解后，其有用信息主要集中在部分模态分量内，但是噪声信号却分布在所有模态内，然后通过计算有用信息和噪声信号在某一模态中所占比例，以此作为模态累加脉冲信号还原时此模态的重构阈值。EMD信号降噪主要可分为EMD分解和EMD分解后的降噪两部分。

EMD分解主要步骤为：

（1）对脉冲信号进行一阶微分，然后提取极大值点和极小值点$S_{max}(t)$、$S_{min}(t)$。

（2）利用三次样条插值根据提取的极大值、极小值点拟合脉冲信号的上下包络线$e_{max}(t)$、$e_{min}(t)$。

（3）对上下包络线求平均值：$m(t)=[e_{max}(t)+e_{min}(t)]/2$。

（4）提取出脉冲信号的一个固有模态分量：$h(t)=s(t)-m(t)$。

（5）判断脉冲信号模态余量是否为常数或者单调函数，如果是，则EMD分解结束；如果不是，模态余量继续分解，直到满足要求。

通过上述步骤，对Am－Li源脉冲进行EMD分解可得7层模态分解图（图5.19）。

EMD分解后的主要降噪步骤如下：

（1）计算各个模态的自相关函数，然后依照噪声模态与信号模态自相关函数特性设定分界点K，进而将分解后的各模态分为噪声主导模态、信号主导模态和低频信号。

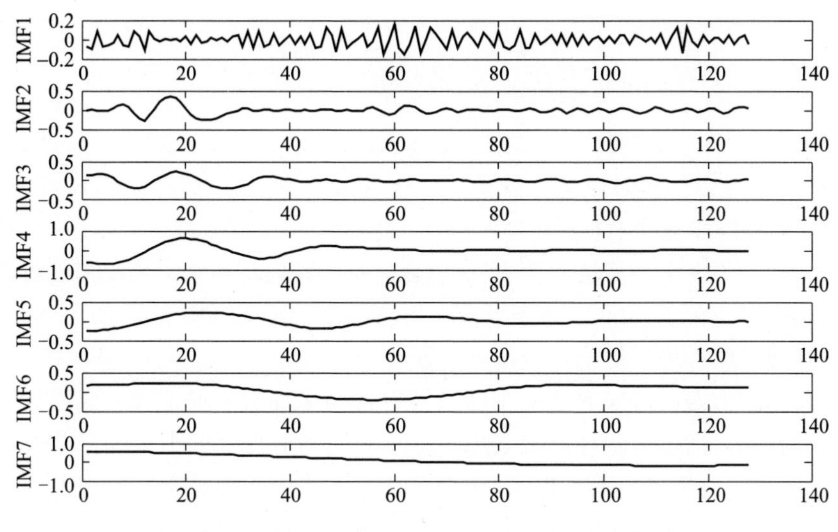

图 5.19　Am－Li 源粒子脉冲信号 7 层模态分解图

(2) 将选择出的噪声主导模态直接剔除,低频信号直接保留,对信号主导模态进行降噪,模态降噪时可以采用小波变换、FIR 滤波器和 MLSS 三种降噪方法。

(3) 将低频信号和降噪后的信号主导模态进行信号重建。

3) FIR 滤波器降噪算法

将脉冲认为是低频信号和高频噪声的混合,选用适当的数字滤波器和截止频率,将高频噪声滤除。

先给出所求的理想滤波器频率响应 $H_d(e^{j\omega})$,设计一个 FIR 滤波器频率响应 $H(e^{j\omega}) = \sum_{n=0}^{N-1} h(n)e^{-j\omega n}$ 来逼近 $H_d(e^{j\omega})$。利用一个有限长的窗函数序列$\omega(n)$来截断 $h_d(n)$,即

$$h(n) = \omega(n)h_d(n) \tag{5.81}$$

4) MLSS 降噪算法

最小二乘移动平滑降噪算法的基本思想是:在对降噪后脉冲的第 m 点进行求取时,先在原始脉冲的第 m 点的左右两侧各取 k 个点,形成一个包含 $2k+1$ 个点的窗口,然后对窗口内的数据点采用多项式拟合的方法求取 m 点的新值,以此作为降噪后脉冲 m 点的值。使窗口沿脉冲不断移动,便可以给出整个降噪后的脉冲。

设原始脉冲为 y_m,平滑后的脉冲为 $\bar{y}_m$,在平滑窗口内,用 q 阶多项式(式 5.81),则

$$S(x) = a_0 + a_1(x-m) + a_2(x-m)^2 + \cdots + a_q(x-m)^q \tag{5.82}$$

逼近原始数据 y_m,此时降噪后脉冲的第 m 点的值为

$$\bar{y}_m = S(x)\big|_{x=m} = a_0 \tag{5.83}$$

2. 仿真实验结果对比及分析

1）四种降噪算法对比图

实验中,为突出各算法的优劣,对脉冲进行模拟时将所加高斯噪声的标准差取为0.25(实际噪声标准差小于0.15),然后采用MLSS、FIR滤波器、小波变换和EMD降噪四种方法对模拟脉冲进行处理。

图5.20为四种降噪算法对加噪仿真脉冲与未加噪声模拟脉冲降噪后对比图。从图中可以看出,四种降噪方法所得脉冲的光滑程度区别很大,MLSS降噪算法不能很好地将脉冲毛刺去除,脉冲仍旧不光滑;FIR滤波降噪算法所得脉冲较为光滑,但是由于滤波器降噪的相位非线性,致使脉冲峰位发生明显偏移;软阈值小波变换降噪算法通过在不同尺度小波包上计算方差等参数来选择重构阈值,使噪声明显降低,但是小波包对信号类别和小波基选择要求较高,因而普遍性稍差一些;基于EMD分解后,选择合适层次进行小波降噪,结果与小波变换降噪算法类似,但是EMD算法没有基函数,对不同类型脉冲信号的分解具有普遍适用性。

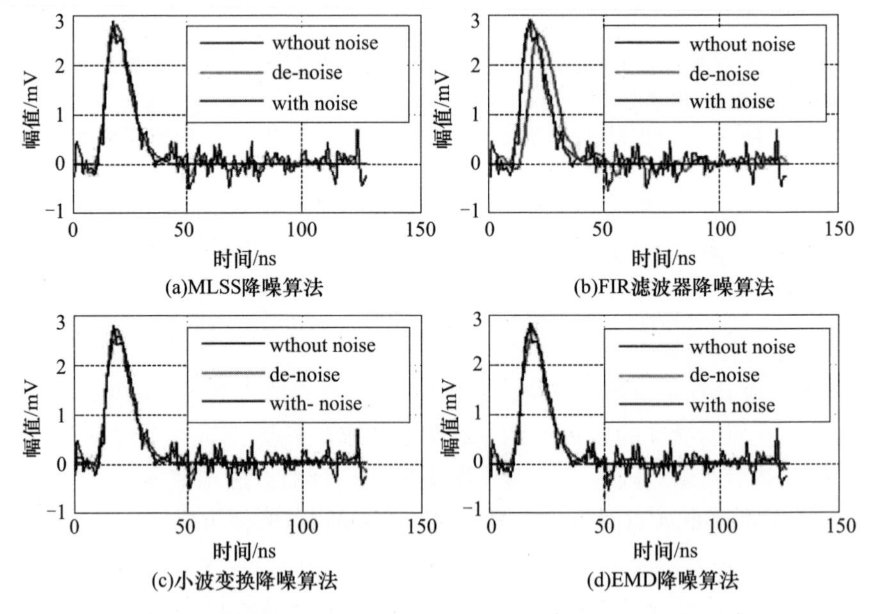

图5.20　MLSS、FIR、小波变换和EMD四种算法降噪效果对比图

2）参数说明与分析

对 MLSS、FIR 滤波器、小波变换和 EMD 四种算法降噪效果评价参数求取前,对各个参数的物理意义进行简要说明。

(1) 信噪比。为了表示降噪处理后脉冲中噪声的功率与信号功率的比值,利用式(5.83)对信号的信噪比进行求解。

$$\eta = 10 \cdot \lg \frac{\frac{1}{m}\sum_{i=1}^{m} {y'}_i^2}{\frac{1}{n}\sum_{j=1}^{n} y_j^2} \tag{5.84}$$

式中:η 为信噪比,无量纲;y'为处理后信号;m 为处理后脉冲采样点数;y 为理想脉冲;n 为理想脉冲采样点数。

(2) 相关系数。相关系数是描述两个随机变量相互关系的一个数字特征量,如果为 0 则表示两随机变量不相关,如果为 1 则表示两随机变量完全相关。计算公式为

$$r_{xy} = \frac{\mathrm{Cov}(X,Y)}{\sqrt{D(x)D(y)}} \tag{5.85}$$

式中:$\mathrm{Cov}(X,Y)$为 X、Y 的协方差,即 $\mathrm{Cov}(X,Y) = E(XY) - E(X)E(Y)$;$D(x)$、$D(y)$为 X、Y 的方差。

(3) 残差。残差的计算是为了衡量除噪处理后的脉冲与未加噪声脉冲之间的差值大小,从而判定降噪后脉冲的形变程度。计算公式为

$$\delta^2 = \sum_{i=1}^{m} ({y'}_i - y_i)^2 \tag{5.86}$$

式中:δ^2 为残差;y'为降噪后脉冲;y 为未加噪声脉冲;m 为脉冲个数。

(4) χ^2 检验。在求残差的基础上,为了排除脉冲采样点幅值的影响,对每个残差都除以相应点位的幅值。χ^2 值越小则说明脉冲变异越小,降噪效果越好。计算公式为

$$\chi^2 = \sum_{i=1}^{m} \frac{({y'}_i - y_i)^2}{|{y'}_i|} \tag{5.87}$$

式中:y'为降噪后脉冲;y 为未加噪声脉冲;m 为脉冲个数。

(5) 相干函数。为了表示处理后脉冲点与原始点的线性相干关系,引进相干函数的概念,即表示处理前后线性相关程度。相干函数越大则表明与未加噪声脉冲信号的线性相干性越好。计算公式为

$$r_{xy}^2(f)=\frac{|s_{xy}(f)|^2}{s_x(f)s_y(f)} \tag{5.88}$$

式中：$r_{xy}^2(f)$为相干函数；$s_{xy}(f)$为互功率谱；$s_x(f)$、$s_y(f)$为各自功率谱。

图5.21为未加噪声模拟脉冲信号、加入噪声模拟脉冲与MLSS、FIR滤波器、小波变换和EMD四种降噪算法处理后模拟脉冲相干性对比图（最上沿直线为1，代表未加噪声脉冲自身相干性为1）。

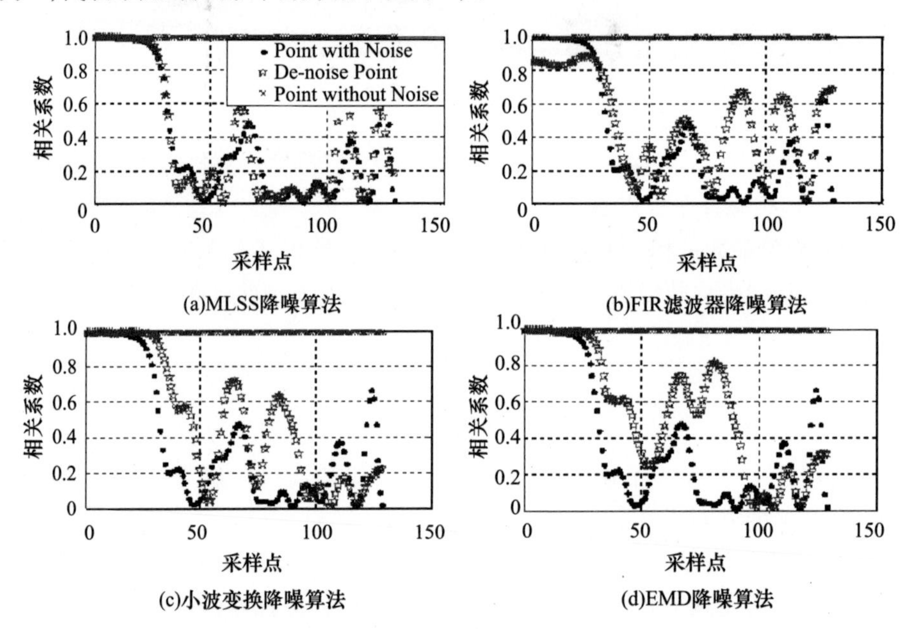

图5.21　MLSS、FIR、小波变换及EMD四种算法降噪前后脉冲相干性图

图5.21中，蓝色点位表示未加噪声模拟脉冲的自相干性分布全部为1，黑色点表示加入噪声之后与未加噪声脉冲相干性分布，可以看出加入噪声之后模拟脉冲各点位相干性分布从0～1较为散乱且较小；图5.21(a)表示用MLSS算法对加噪脉冲降噪后，各点位相干性分布比加噪脉冲相要稍大一些；图5.21(b)中，FIR滤波器降噪后脉冲起始阶段点位分布偏小，而后一阶段点位分布与1相近，较为理想；图5.21(c)中，小波降噪后脉冲开始阶段相干性较为接近1，最后阶段相干性变差；图5.21(d)中，EMD降噪所得相干性分布图与小波类似，但是整体比小波相干性要强。为了更加直观地表示整体相干性差异，求$r_{xy}^2(f)$的期望为参考标准。

(6) 变异量。为了考察处理后脉冲的光滑程度，引入变异量的概念，用来衡量脉冲相邻点位突变程度。由于一阶导数是表示点与相邻点的突变程度，所以

变异量是对处理后脉冲求一阶导数,然后对其求方差。变异量越小表示处理后脉冲越光滑,效果越好。计算公式为

$$B = \sum_{i=1}^{m-1} \left(\frac{y'_{i+1} - y'_i}{y'_{i+1}} \right)^2 \tag{5.89}$$

式中:B 为变异量;y'为处理后的脉冲;m 为处理后脉冲点位个数。

对 MLSS、FIR 滤波器、小波变换和 EMD 四种算法降噪前后的模拟脉冲求一阶导数,如图 5.22 所示。

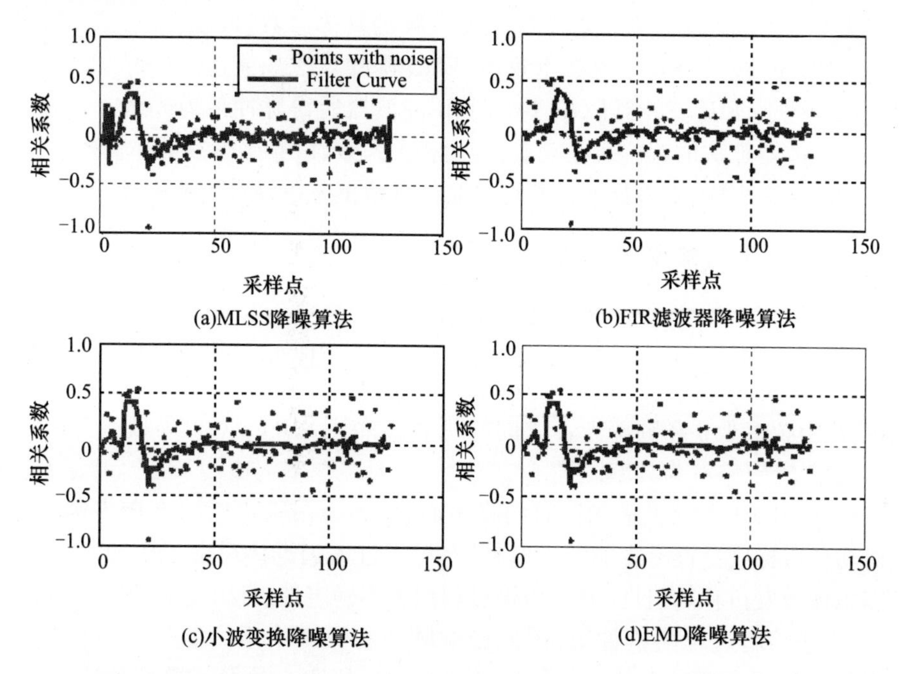

图 5.22 MLSS、FIR、小波变换及 EMD 四种算法降噪前后脉冲一阶导数图

图 5.22 为四种算法所得脉冲一阶导数的对比图,主要目的是评价临近点之间的突变程度,然后求各点位一阶导数平方的期望即变异量,作为评价降噪后脉冲光滑程度的标准。从图 5.22(a)中可以看出,MLSS 算法所得的一阶导数毛刺较多,光滑程度不够;小波降噪(图 5.22(c))与 EMD 降噪(图 5.22(d))所得一阶导数图类似,但 EMD 降噪算法更加平滑一些并且能够很好保持原信号的基本特性;图 5.22(b)为 FIR 滤波器所得图,从线形上看较好,但峰位明显偏移。

3）参数分析

为了定量分析 MLSS、FIR 滤波器、小波变换和 EMD 四种算法降噪效果,对信噪比等相关降噪评价参数进行计算,可以得到表 5.1。

表 5.1 MLSS、FIR、小波变换及 EMD 四种算法降噪效果评估参数

方法	信噪比	相关系数	残差	χ^2	相干函数平均	变异量
加噪脉冲	30.9492	0.9757	3.0538	14.6226	0.3323	8.5674
最小二乘	39.3090	0.9890	1.3237	7.8141	0.4431	3.2944
滤波器	13.5872	0.8494	17.3327	66.7094	0.4907	1.4636
小波变换降噪	46.4758	0.9947	0.6464	7.9804	0.5352	1.7556
EMD 降噪	48.4225	0.9957	0.5321	5.4431	0.5737	1.6936

表 5.1 为四种算法对应各个标准所计算的具体参数,可以看出,从信噪比、相关系数、χ^2 检验及相干函数上来看,EMD 降噪算法均能达到最好,但在变异量这一参数上,FIR 滤波器最好,说明 FIR 滤波器所得脉冲最为光滑。但是,由于 FIR 滤波器算法的相位线性较差,因而相关系数、信噪比等参量都较差。从降噪脉冲的光滑程度、对原始脉冲特征信息的保留上来讲,EMD 降噪算法最好。

八、改进的频域降噪算法研究

1. 频域 n－γ 甄别受噪声影响大小评估

基于频域甄别的功率谱梯度分析(SGA)基本原理为

$$G = [S(0) - S(\omega)]/\omega \tag{5.90}$$

式中:G 为频率为 0 和频率为 ω 之间的功率谱梯度;$S(0)$、$S(\omega)$ 为频率为 0 和 ω 处的功率谱幅值;ω 为频率。

SGA 对噪声不敏感只能针对白噪声而言,因为白噪声的功率谱为常数,因此对功率谱梯度是没有影响的。但是,在粒子进入闪烁体后会产生噪声的因素有闪烁体激发过程随机性、光子传输过程损失不确定性、打出光电子数量的随机性、光电子倍增过程随机性等,因此影响脉冲的噪声中不可能仅含有白噪声,“不敏感”观点是不成立的,为了评价影响大小,研究人员做了模拟脉冲加噪前后对比和采集数据处理两个实验。

1) 模拟脉冲加噪前后对比试验

为了有效评估噪声在频域对甄别效果的影响,采用模拟脉冲加高斯噪声的方式对其进行评价(图 5.23)。

从图 5.23 可以看出,在频域中噪声对脉冲依然有较大影响,并且频率越高影响越大,对于 SGA 算法中求功率谱斜率而言,有较大毛刺会使功率谱斜率求取不稳定,从而影响甄别效果。

2) 除噪与未除噪脉冲 SGA 算法验证

研究发现,频域中 n－γ 甄别对信号的降噪要求同样很高。为了说明这一现象,在此利用基于 db4 小波基,以 Shannon 熵作为小波重构系数的除噪算法对

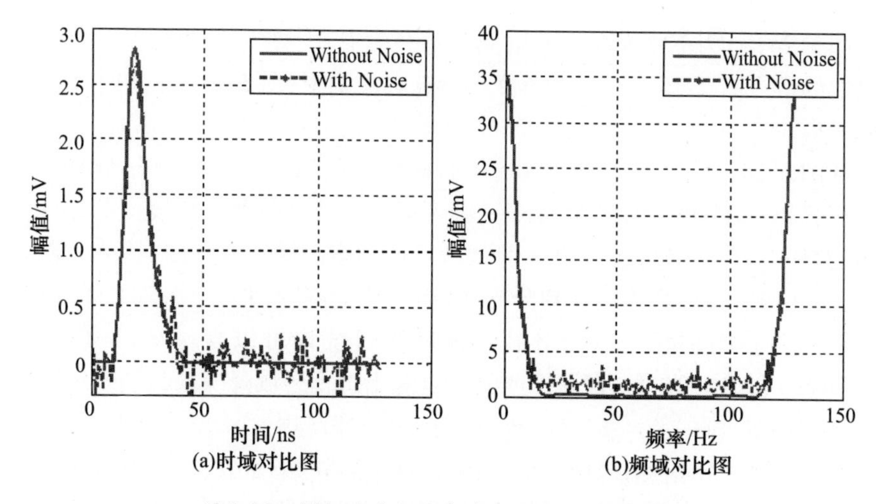

图 5.23 模拟脉冲加噪声前后时域、频域对比图

脉冲降噪后用 SGA 算法求得结果,然后将结果与没有降噪情况下 SGA 算法求得结果做对比(图 5.24)。需要特殊说明的是,经研究发现,无论是否进行滤波,只要运用频域识别算法,都需要对时域脉冲进行归一化后变换到频域,否则求取的甄别因子会受时域脉冲幅值的影响,因此利用 SGA 算法甄别前对脉冲进行归一化处理。实验所用数据为液体闪烁体探测器对 Am-Li 中子源探测,由 1.6GHz 采样率的高速数据采集卡采集的脉冲信号。

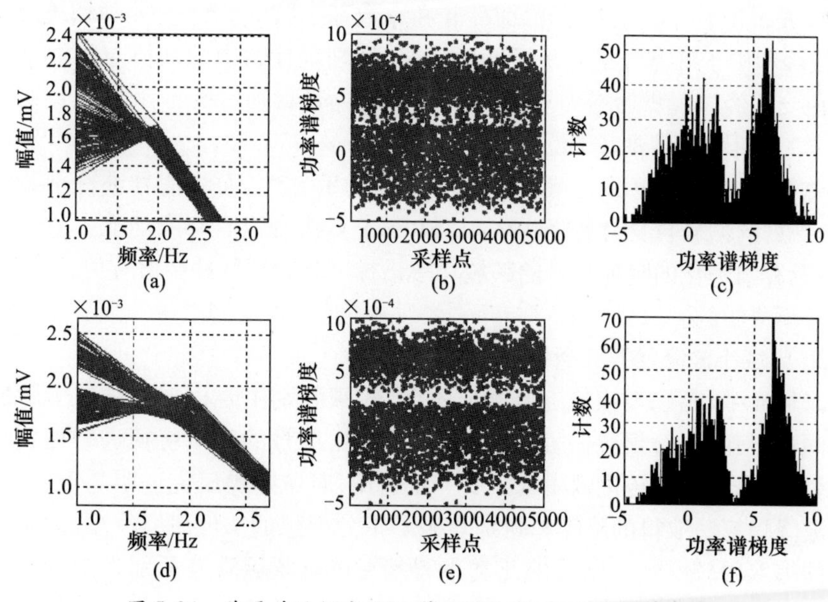

图 5.24 降噪前后频域 SGA 算法获取的 n-γ 甄别对比图

图 5.24(a)为不降噪时功率谱低频部分分布图;图 5.24(b)为不降噪时算法获取的散点图;图 5.24(c)为不降噪时算法甄别图;图 5.24(d)、(e)、(f)分别为降噪后对应图。

从图 5.24(a)中可以看出,没有进行降噪的频域功率谱低频分布图中无法区分开,而对应降噪后的图 5.24(d),则可以明显区分两种类型线。图 5.24(b)给出的是未进行降噪时通过 SGA 算法求得的功率谱梯度散点图,图中两类粒子几乎无法分开,只是隐约能看到分界线,而对应的降噪后的图 5.24(e),则能清晰地看到两种类型粒子的分界线。最后经过统计可以得出 SGA 算法甄别图 5.24(c)和图 5.24(f),两张图明显可以看出进行频域降噪的识别效果要比没有降噪好得多。

为了给出量化指标,以便更加清晰地判断出降噪的重要性,下面对甄别图分别求取性能参数(表 5.2)。为减小统计误差对性能参数的影响,参数求取之前先对 SGA 算法所获甄别图采用 EMD 算法进行降噪处理,同时选用双峰法需找甄别阈值。

表 5.2　噪声对频域 $n-\gamma$ 甄别影响评估

降噪	道宽	中子数	γ 射线数	FWHM1	FWHM2	峰值/波谷	FOM1
否	1/1024	2335	2665	307	139	5.0122	0.7830
是	1/1024	2389	2611	248	129	9.9877	0.8996

从表 5.2 中可以看出,降噪前后 n 和 γ 数基本保持不变,但是甄别统计图中 γ 射线峰和中子峰宽经过降噪后明显变窄,甄别统计图中的峰值与阈值对应的波谷值之比经过降噪后增大了将近 1 倍,最终衡量甄别效果的 FOM 也证明降噪之后 $n-\gamma$ 甄别质量要好于没有进行降噪的。

总的来讲,频域甄别对噪声依旧有很强的敏感性,而将信号进行小波基分解,分层后的信号自身就有降噪作用,但 SGA 算法则没有降噪功能。通过实验证明,没有归一化的脉冲信号的频域功率谱梯度与时域脉冲幅值有关,因此直接求取是不科学的。

2. 频域小波降噪算法研究

时域 $n-\gamma$ 甄别与频域有着本质不同,时域甄别主要根据两种粒子脉冲形状不同进行甄别,而频域信号则不同,主要根据信号的频率特征进行甄别。因此,时域的降噪算法转化到频域并不一定适用,时域降噪研究证明基于 EMD 全局小波降噪算法取得的降噪和甄别效果是十分理想的。但研究发现,运用时域降噪能够取得较好甄别结果的此类小波基在进行频域降噪甄别时的结果并不好,现将时域小波除噪和频域对比(图 5.25)。

从图 5.25(a)中可以看出 EMD 降噪效果已经很好,从脉冲波形上看既能保持脉冲的特征也能将噪声抑制到很低的范围,从频域图 5.25(b)上看也很能保持好频域信号的一般特征,且对于高频噪声有一定的抑制作用,但是运用频域 n-γ甄别算法 SGA 算法所获得的甄别图 5.25(c)中可以看出,甄别效果并不是十分理想。相反,频域甄别中常用的以 Shannon 熵作为小波重构系数的降噪算法,在时域中甄别效果并不是很好,从图 5.25(d)中可以看出,其很大程度上已经将脉冲波形的形状改变,从频域降噪对比图 5.25(e)中可以看出该种降噪算法的特点是进一步抑制了高频噪声甚至信号,但是对于低频信号不但没有抑制,反而有提升的效果,因此该种算法十分适用于频域甄别,从图 5.25(f)中可以看出,这种降噪算法的甄别效果要比适用于时域的甄别效果好得多。

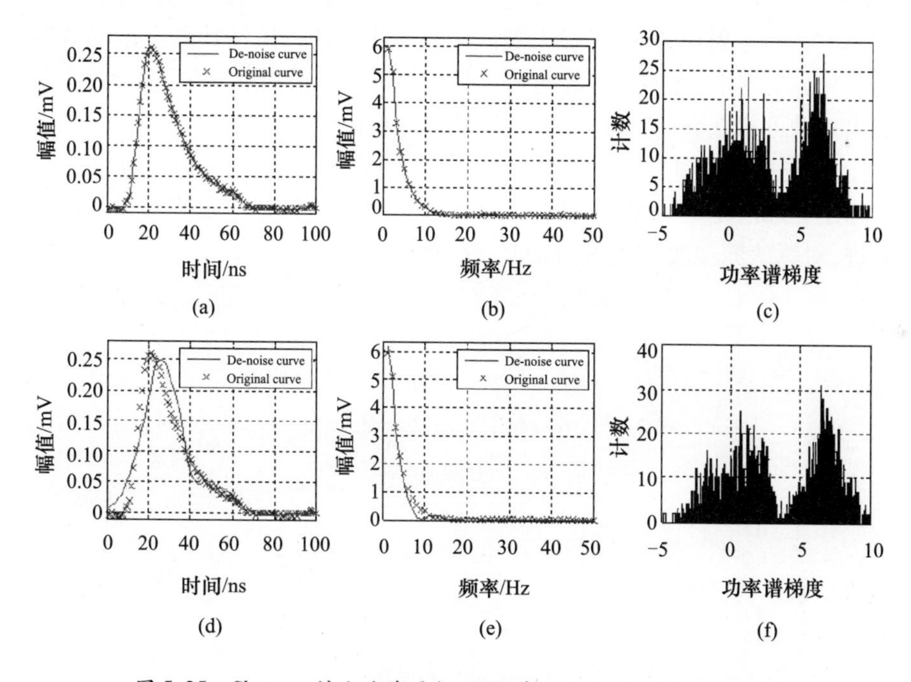

图 5.25　Shannon 熵小波降噪与 EMD 降噪时域、频域脉冲对比图

图 5.25(a)为时域 EMD 降噪与原信号对比图;图 5.25(b)为频域 EMD 降噪与原信号对比图;图 5.25(c)为 EMD 降噪 SGA 算法甄别图;图 5.25(d)、(e)、(f)分别为以 Shannon 熵为重构条件小波降噪对应图。

为量化说明降噪算法对甄别性能的影响,对甄别图性能参数进行求解可得表 5.3。

表 5.3　Shannon 熵小波降噪与 EMD 降噪对频域 n－γ 甄别影响评估

降噪算法	道宽	中子数	γ 射线数	FWHM1	FWHM2	峰值/波谷	FOM
EMD	1/1024	2395	2605	289	131	7.3526	0.8135
“Shannon”小波	1/1024	2389	2611	248	129	9.9877	0.8996

从表 5.3 中可以看出，中子和 γ 射线数接近说明算法的合理性，另外无论从甄别峰值与波谷比值，还是甄别评价因子 FOM 角度而言，基于以“Shannon”熵作为小波重构系数的适合频域降噪的算法都比适合时域降噪的 EMD 算法所得的 n－γ 甄别图性能要好。

九、改进的脉冲幅值提取算法研究

经研究发现，不同的脉冲幅值提取算法不同，所得能谱性能也不同，为了获得较为可靠的 γ 射线的能谱，引入能谱寻峰算法中的一阶导数和二阶导数算法用于脉冲幅值提取，并通过实验与传统最大值脉冲幅值提取算法进行对比，最后选择出一种可靠性高、所得能谱性能好的脉冲幅值提取算法。

1. 算法基本原理

为了更加清楚地了解最大值、一阶导数和二阶导数脉冲幅值提取算法的基本原理，对算法原理做示意图，如图 5.26 所示。

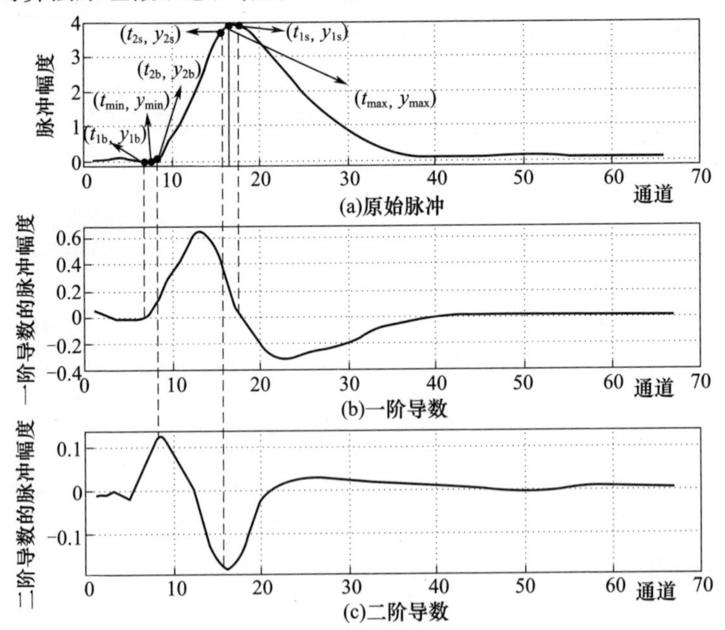

图 5.26　脉冲幅值提取算法原理图

1）最大值法基本原理

直接提取每个脉冲的最大值 y_{max} 和最小值 y_{min}，用最大值减去最小值乘以 90% 作为脉冲幅值 A，然后对幅值进行统计得出能谱。

$$A = 0.9 \times (y_{max} - y_{min}) \tag{5.91}$$

2）一阶导数法基本原理

在对原始脉冲求一阶导数的基础上（图 5.26(b)），寻找一阶导数最大值所对应的道址，然后在紧邻一阶导数左右两侧寻求一阶导数值为零的道址 t_{1s} 和 t_{1b}，作为起始时间和截止时间所对应的道址，然后得到与之对应的脉冲幅度 y_{1s} 和 y_{1b}，两者相减作为脉冲幅值 A。

$$A = y_{1s} - y_{1b} \tag{5.92}$$

3）二阶导数法基本原理

对脉冲做二阶导数（图 5.26(c)），得到二阶导数的极小与最大值的道址 t_{2s} 和 t_{2b}，从而获取起始道与截止道的道址，然后从原始脉冲中提取起始道址与截止道址所对应的幅值 y_{2s} 和 y_{2b}，两者相减得到幅值 A，对幅值进行统计得到能谱。

$$A = y_{2s} - y_{2b} \tag{5.93}$$

2. 实验与结果分析

实验所用脉冲数据利用 NI5772 高速数据采集卡，采集的 BC501A 液体闪烁体探测器探测的 ^{60}Co 源脉冲。为了更好地比较幅值提取算法的优劣性，在脉冲幅值提取之前对采集脉冲进行 EMD 降噪，以减小噪声的影响。同时，为了降低随机性因素对参数的影响，先用 EMD 平滑处理能谱，再求取性能参数。

1）能谱求取及分析

利用一阶导数法、二阶导数法、最大值脉冲幅值提取算法提取 ^{60}Co 源脉冲幅值，统计后可得图 5.27。

从图 5.27 中可以看出：一阶导数幅值提取算法所获得的能谱不仅光滑，并且特征峰和康普顿坪区基本特征保持良好；二阶导数获取的能谱在康普顿坪区会有很大的凹陷，并且在能峰处有较大毛刺；最大值算法的康普顿坪区过高致使双峰不明显，并且峰位置毛刺较多，效果最差。

2）参数说明与分析

参数求取之前，简单介绍求取参数的含义。

（1）能量分辨率。探测器能量分辨率定义为：能峰半高宽 FWHM 除以峰中心的横坐标值，表达式为

$$\eta = \frac{\text{FWHM}}{H_0} \times 100\% \tag{5.94}$$

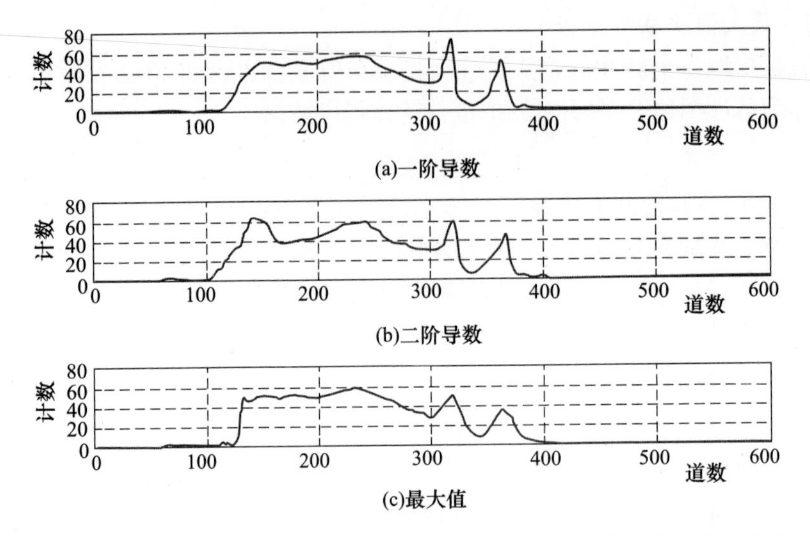

图 5.27　一阶导数法、二阶导数法、最大值脉冲幅值提取算法获取的能谱图

（2）峰康比。峰康比的定义为：全能峰的峰高与康普顿坪的平均计数之比，对于^{60}Co 而言，一般用 1.332MeV 峰的峰高与康普顿坪中 1.040 ~ 1.096MeV 之间平均计数的比值

$$\text{峰/康} = \frac{1.332\text{MeV 峰最高计数道计数}}{1.040 \sim 1.096\text{MeV 康普顿坪平均计数}} \tag{5.95}$$

（3）Covell 法计算峰面积。在峰的前后沿上对称地选取边界道，并以直线连接峰曲线上相应于边界道的两点，扣除直线下的面积。设峰中心道为 $i=0$，左右边界道为 $i=-n$ 与 $i=n$，则峰面积为

$$N = T - B = \sum_{i=-n}^{n} y_i - \left(n + \frac{1}{2}\right)(y_{-n} + y_n) \tag{5.96}$$

3）参数分析

为了定量分析极值法、一阶导数、二阶导数三种脉冲幅值提取算法优劣，对能量分辨率等能谱性能评价参数求解可得表 5.4。

表 5.4　三种算法获取能谱性能参数

方法	能峰/MeV	峰高	峰道址	半高宽	能量分辨率/%	峰面积	峰康比
一阶导数	1.17	71.1	319	11	3.44	177.7	1.7
	1.33	49.7	364	13	3.56	97.6	
二阶导数	1.17	60.7	320	15	4.67	124.5	1.6
	1.33	46.6	366	15	4.10	120.8	

（续）

方法	能峰/MeV	峰高	峰道址	半高宽	能量分辨率/%	峰面积	峰康比
最大值	1.17	49.3	318	27	8.52	54.4	1.1
	1.33	32.2	362	20	5.54	29.6	

从表5.4可以看出，一阶导数法在峰的高度、能量分辨率、峰面积、峰康比等参数均能达到最好，因此一阶导数脉冲幅值提取算法是三种算法中的最佳算法。

第六章　测量与分析的实现

第一节　核辐射脉冲堆积信号的分析处理

堆积脉冲的处理无论是在传统的电子学系统还是在数字化测量系统都显得很关键。核辐射测量系统中能量分辨率是其主要性能指标，除了探测器的固有能量分辨率外，噪声、脉冲堆积和弹道亏损是影响能量分辨率的几个重要因素，在高计数率下，脉冲堆积成为最主要的因素。传统的主放大器包括堆积拒绝电路，脉冲堆积抑制是降低由于脉冲堆积引起的能量分辨率损失的常用的方法，然而电路实现较复杂，脉冲堆积抑制的同时增加了系统死时间，也降低了系统的脉冲通过率。本书采用全数字的方式来分析脉冲，可由软件方法来剔除问题脉冲，数字处理方法可通过堆积校正来降低脉冲堆积引起的能量分辨率损失，而不影响系统的脉冲通过率。

从辐射探测器来的脉冲在时间上是随机间隔的，这可能导致在计数率低时脉冲之间无干扰效应。然而，在计数率增至 1 ~ 2kHz 以上时，脉冲之间相互存在干扰效应，这些效应一般称为堆积，采取脉冲总宽度尽可能小的办法可使这些效应降到最低。但弹道亏损和信噪比及其他一些考虑又不宜过分减小脉冲宽度，因此在高计数率时脉冲堆积效应非常重要。

一、脉冲堆积识别

前置放大器输出波形通常为单个脉冲，经过信号预处理后，一般有较好的信噪比，适合后面分析程序的要求，如图 6.1 所示。

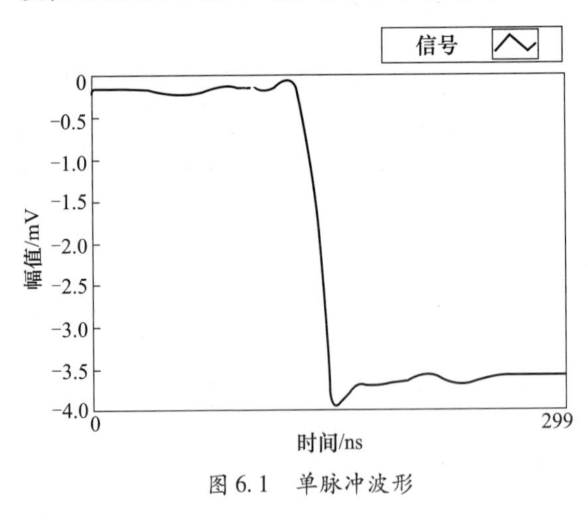

图 6.1　单脉冲波形

然而，在高计数率情况下就需要考虑信号的堆积效应，信号的峰部堆积将使信号幅度和波形发生很大变化，也导致分辨率变坏，如图 6.2 和图 6.3 所示。

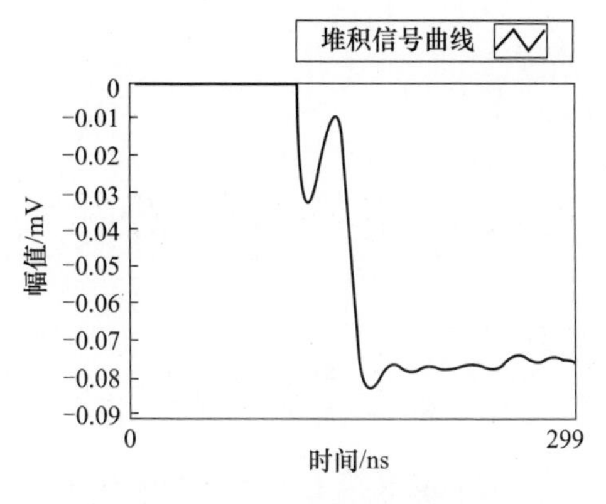

图 6.2　双堆积脉冲波形

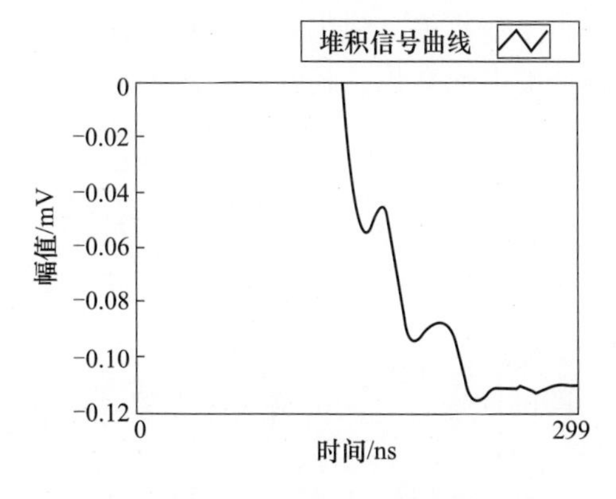

图 6.3　三堆积脉冲波形

对于堆积脉冲,如果不加以处理直接计算幅度和时间信息,将会带来较大误差。处理前要先将堆积脉冲从单个脉冲中分辨出来,也就是说要进行单脉冲和堆积脉冲的类型识别。

探测器直接产生的脉冲等于探测器收集时间的短电流脉冲,这样的脉冲被电荷灵敏前置放大器积分,在前置放大器的输出端产生电压阶跃,输出电压阶跃的上升时间等于探测器的收集时间,幅度等于输入电荷与反馈电容的商。不同类型堆积脉冲的形成原因如下:

设:t_1 为探测器电流冲击脉冲宽度,t_2 为探测器电流冲击脉冲的上升时间,t_3 为前置放大器对信号的衰减时间,t 为探测器中形成的两个电流冲击脉冲相隔时间。

当 $t > t_1 - t_2$ 时,两个信号都无畸变。$t_2 > t > 0$ 时,发生上升沿堆积,此时波形仅有一个极值,两个信号幅度都发生畸变,两个信号都应该舍弃,如图 6.4(a)所示。$t_1 - t_2 > t > t_2$ 时,发生下降沿堆积,此时波形有两个极值,前一个信号幅度不畸变,予以保留,而后一个信号幅度发生畸变则舍弃,如图 6.4(b)所示。

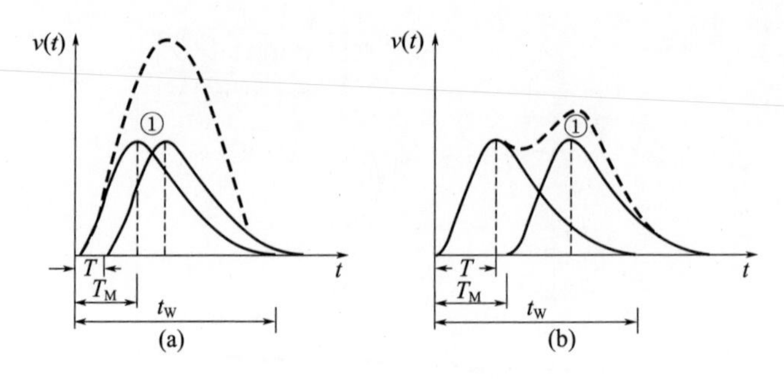

图 6.4 脉冲信号堆积

前置放大器输出脉冲的幅度反映了射线粒子在探测器中损失的能量值。在一定的单位时间间隔内,脉冲幅度的净增值和在相应的时间间隔内探测器的吸收能与电荷或电子—离子数相关。输出脉冲是由电流积分而来,对输出脉冲进行微分可分析形成脉冲的电流变化。其效果如图 6.5 ~ 图 6.7 所示。

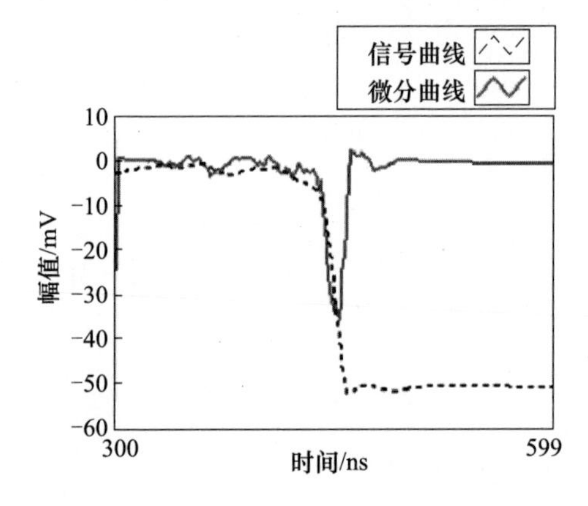

图 6.5 无堆积信号—微分曲线图

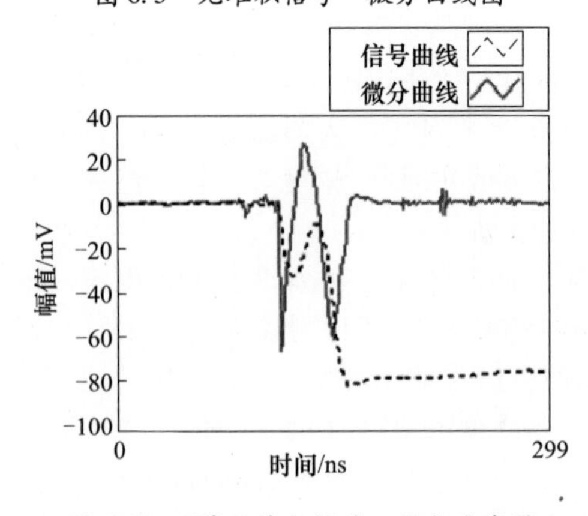

图 6.6 下降沿堆积信号—微分曲线图

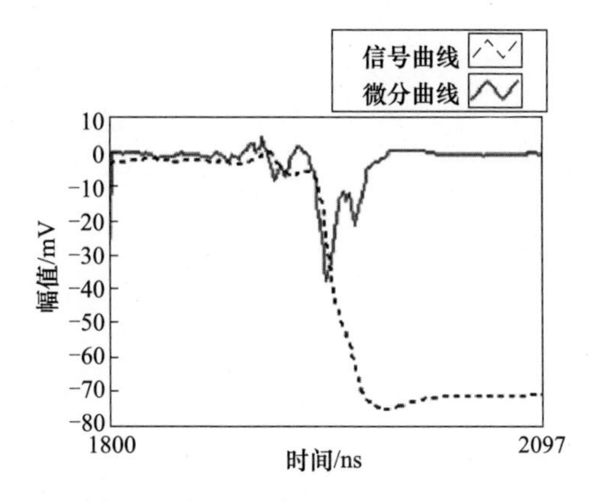

图 6.7　上升沿堆积信号—微分曲线图

从信号—微分曲线图可以看出,无堆积信号的微分曲线只出现了一个谷值,在堆积信号中则出现了两个或两个以上谷值,说明此时前置放大器输出脉冲在下降过程中出现了两次或两次以上快速下降的过程。下降沿堆积时,微分曲线的两次谷值间出现正增值,即前置放大器输出信号脉冲在两次快速下降过程中出现了上升趋势。上升沿堆积时,微分曲线的两次谷值间不会出现负值,即前置放大器输出信号脉冲在两次快速下降过程中未出现上升趋势,但在两次谷值对应的区段有增长趋缓的现象。

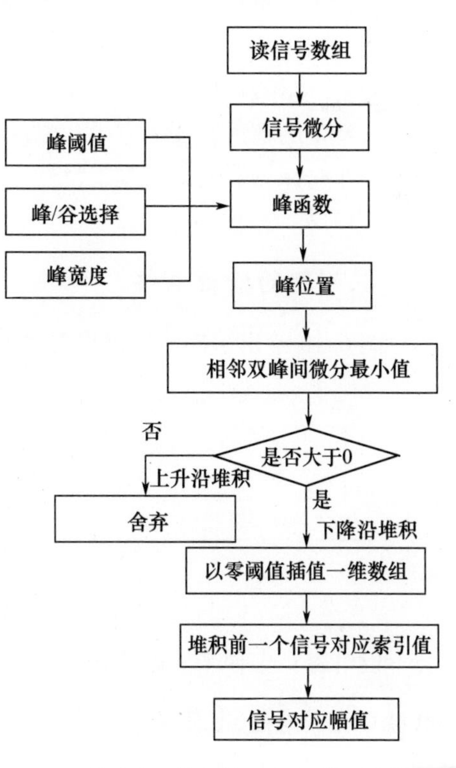

图 6.8　堆积校正流程图

二、脉冲堆积校正

传统模拟谱仪中,为避免堆积一般使用某种堆积判弃方法。借助于数字处理技术,发生堆积的脉冲可以进行一定的校正。

上升沿堆积时,因为发生堆积的两个信号幅度都发生了畸变,故这两个信号都应该舍弃。下降沿堆积时,发生堆积的前一个信号幅度不畸变,可予以切割保留以恢复此信号脉冲幅度值,而后一个信号幅度发生畸变则舍弃。程序流程图如图 6.8 所示。

根据此流程图可编写相应程序,对

堆积脉冲的校正结果如图 6.9 所示。

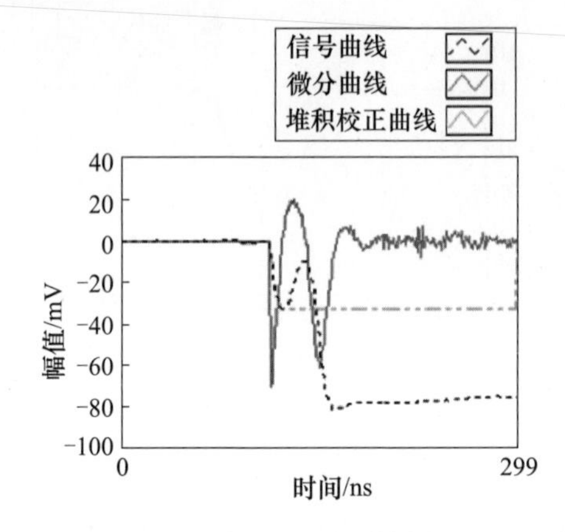

图 6.9　下降沿堆积校正曲线

第二节　核辐射脉冲幅值的求取

核辐射探测器输出的脉冲信号,既包含幅度(能量)信息,又包含计数率(强度)信息。其中脉冲幅度分析是核辐射谱仪最主要的测量功能,每个脉冲幅度都带有特定的辐射在探测器中与物质相互作用所产生电荷的重要信息。脉冲幅度的分布是探测器输出的基本特性,经常用于推断有关入射辐射或探测器本身工作的信息。

一、探测器的输出电路

图 6.10 给出了探测器输出等效电路。

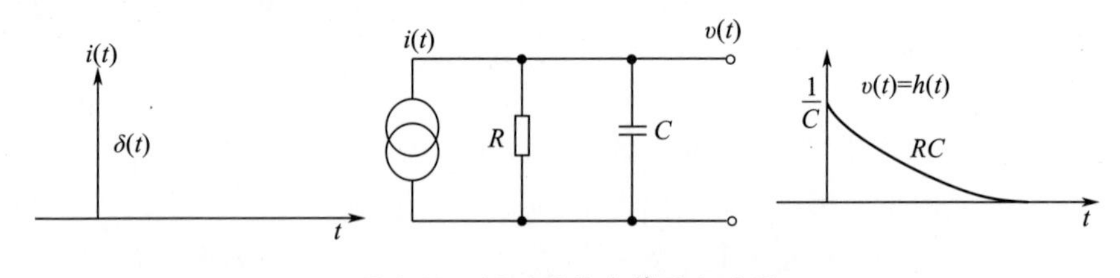

图 6.10　探测器输出等效电路图

设电容 C 上原来无电荷积累,当探测器产生电流信号 $i(t)=\delta(t)$ 时,很快对电容 C 充满电荷,电荷量 $Q=\int_{-\infty}^{+\infty} i(t)\,\mathrm{d}t=1$,输出电压幅值 $\nu(t)=\dfrac{Q}{C}=\dfrac{1}{C}$。由于 R 的存在,电容 C 上的电荷要通过电阻规律放电。由于电路输入为冲击信

号,故输出电压为冲击响应,可表示为

$$v(t) = h(t) = \frac{1}{C}e^{-\frac{t}{RC}} \tag{6.1}$$

从输出波形图可见,该输出电压按 RC 时间常数作指数下降。RC 越小,下降越快。因输出最大值为 $1/C$,所以 C 越小,输出电压越大。

二、核辐射脉冲物理特性

由探测器经前置放大器输出的信号可表示为

$$V_\tau(t) = U(e^{-t/\tau_f} - e^{-t/\tau_r}) \tag{6.2}$$

式中:τ_f、τ_r 分别为核探测器输出信号的慢指数部分和快指数部分的时间常数;U 为信号幅度。

下面把上述信号表示式分解为快指数上升沿部分和慢指数下降沿部分,即

$$V_1(t) = U_1 e^{-t/\tau_1} \tag{6.3}$$

$$V_2(t) = U_2 e^{-t/\tau_2} \tag{6.4}$$

式(6.3)为脉冲信号上升沿表示式,式(6.4)为脉冲信号下降沿表示式。

三、算法及结果对比

为比较算法的客观性,用采集保存的10MHz 采样速率数据 1 组,100MHz 采样速率数据 2 组进行比对计算。以上数据均未进行滤波和堆积校正处理。

1. 峰峰值算法

峰峰值算法是指在一个采样周期 T_0 内最大瞬时值 X_{P+} 与最小瞬时值(又称谷值)X_{P-} 之差,此算法为计算幅度值的最简便方法。直接调用 Function 模板→All Functions 子模板→Analyze 子模板→Waveform Measurements 子模板中的 Amplitude and Level Measurement. vi 模块。计算结果为 100MHz 采样速率时两组能量分辨率分别为 0.09316 和 0.09035, 10MHz 采样速率时能量分辨率为 0.04288。

2. 曲线拟合算法

100MHz 采样速率下普通的拟合示意图如图 6.11 所示,取极大值点前 15 个点左右进行前端指数拟合,极大值点后 100 个点左右进行后端指数拟合,再将后端拟合得到的参数前推,与前端拟合得到的曲线交点既为求得的极值点。此算法得到的能量分辨率分别为 0.05959 和 0.06315。

为消除振铃现象造成后端拟合参数畸变,可将极值点后的 8 个点略去再进行参数拟合,拟合示意图如图 6.12 所示,得到的能量分辨率分别为 0.04280

和 0.04310。

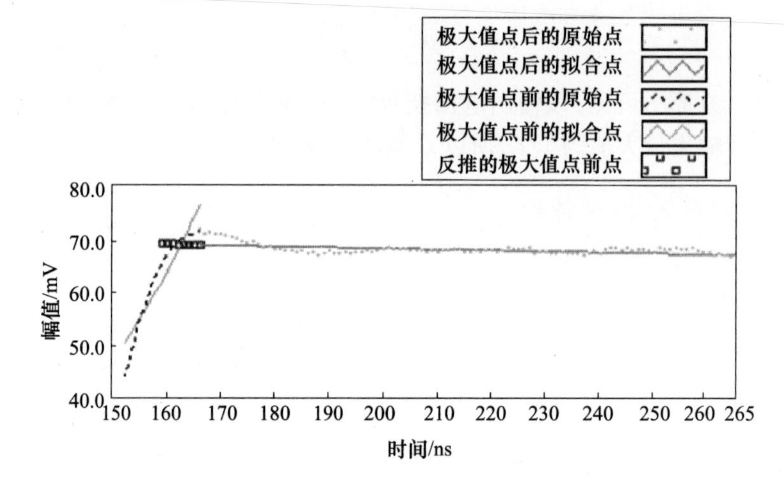

图 6.11　100MHz 时极值点附近全数据指数拟合示意图

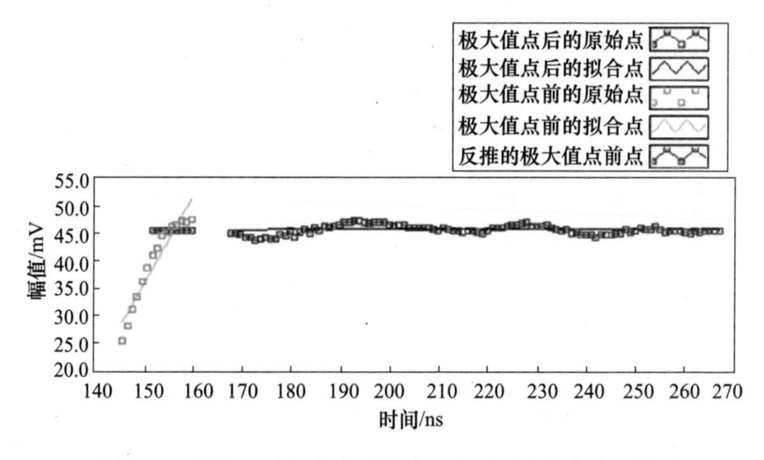

图 6.12　100MHz 时极值点后略去 8 点后的指数拟合示意图

10MHz 采样速率下脉冲上升沿仅约 3 点，故取极大值点前 3 个点进行前端指数拟合，极大值点后 100 个点进行后端指数拟合，再将后端拟合得到的参数前推，与前端拟合得到的曲线交点即为求得的极值点。此算法得到的能量分辨率为 0.03716。

3. 统计算法

统计算法是指用统计的方法（5%）取信号总数据极大值及极小值，这就确保了合理的去除了信号的突变。计算结果：10MHz 采样速率时能量分辨率为 0.04302，100MHz 采样速率时两组能量分辨率分别为 0.03592 和 0.03544。

4. 结果比对

实验结果比对如表6.1所列，从表中可以看到在低频采样速率（10MHz）时，曲线拟合算法得到的能量分辨率较峰峰值和统计算法的能量分辨率低，但三种算法求得的能量分辨率差别不大（曲线拟合算法得到的结果比峰峰值算法的结果低13.33%，比统计算法的结果低13.61%）。而在高频采样速率（100MHz）时，由于振铃现象的影响，三种算法的能量分辨率相差较大。其中，峰峰值算法的分辨率最差（比统计算法高150%左右）；曲线拟合法的算法次之（比统计算法高65%左右），当使用曲线拟合法时，合适地去除极大值后面几点后曲线拟合法的能量分辨率有较大的改善（比原算法低40%左右）；而统计算法得到的能量分辨率最优。总的来说，统计算法适用的范围较广，精度也能得到保证。

表6.1　实验结果比对

采样速率	幅值算法	数据序号	能量分辨率
10MHz	峰峰值算法	1	0.04288
	曲线拟合法	1	0.03716
	统计算法	1	0.04302
100MHz	峰峰值算法	2	0.09316
		3	0.09035
	曲线拟合法（全数据）	2	0.05959
		3	0.06315
	曲线拟合法（去除突变点）	2	0.04280
		3	0.04310
	统计算法	2	0.03592
		3	0.03544

第三节　波峰检测

从获取的能谱中找到峰位并换算成相应的能量是γ能谱定性定量分析的基础。寻峰有很多种方法，如差分法、协方差法、广义二阶差分法、对称零面线性对合法。本软件中采用的是协方差法，用二次多项式依次拟合数据点中的各组数据。拟合中使用的数据点的数量由宽度指定。调用LabVIEW中的Peak Detect.vi函数，检测峰位并将峰位值存储在数组中，同时显示峰个数、峰位置、峰幅值等信息。对于每个波峰或波谷，二次拟合将与阈值进行比较。低于阈值的波峰和高于阈值的波谷都将被忽略。只有在VI处理了波峰或波谷之外约宽度/2

个数据点后，才可能检测到波峰或波谷。该寻峰函数寻峰能力强，可以探测弱峰和强峰，并可设置峰形的高度及宽度阈值，以去除本底的干扰，位于 signal processing 面板 >> signal operation 面板中。程序框图如图 6.13 所示。

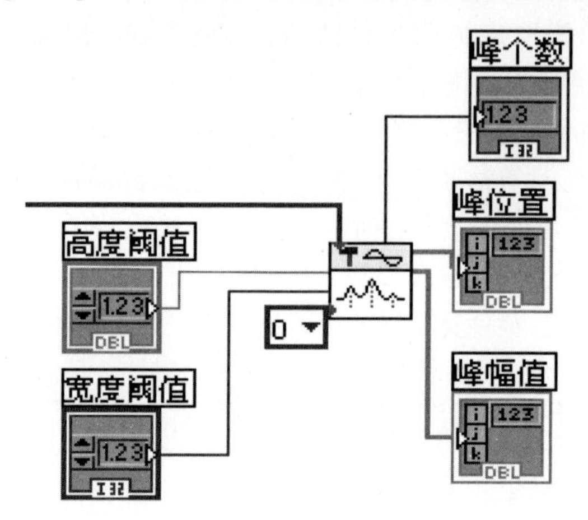

图 6.13　自动寻峰框图

第四节　能 量 刻 度

求取入射射线能量 y 和对应谱峰峰位 x 之间关系的线性拟合函数称为能量刻度。全谱测量时，为了根据射线能量确定峰位（道址）或者反过来根据峰位确定射线能量都需要对谱仪进行能量刻度。本系统中所用的 Cd(Zn)Te 探测器及其谱仪具有良好的线性，选用任意标准源的两个已知能量点即可进行刻度。能量刻度曲线线性可用以下线性方程表示：

$$E[x_p] = Gx_p + E_0 \tag{6.5}$$

式中：x_p 为峰位道址；E_0 为直线截距（0 道的能量）；G 为直线的斜率，即每道所对应的能量间隔。能量刻度框图如图 6.14 所示。

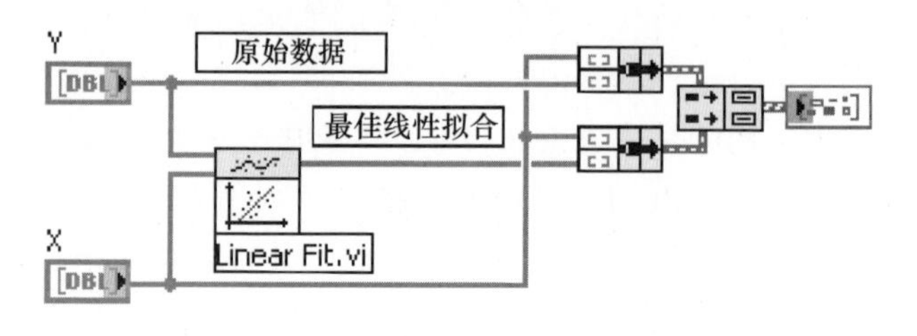

图 6.14　能量刻度框图

第五节　信号的定量分析

准确测定样品中核素含量是进行γ能谱分析的最重要的目的之一,而准确计算峰面积是定量分析的依据。确定峰面积的方法有两类:一类为数值相加法,即峰内计数按照一定的公式直接相加,适于非重叠峰的峰面积计算;另一类为函数拟合法,即用一个已知的峰形函数来拟合所测得的谱数据,然后通过积分得到峰面积以及其他峰形参数,这种方法比较准确。要计算峰面积,需要确定峰边界。因此,必须根据实际情况确定特征峰的边界道址。程序可以手动调整峰边界,实现净峰面积的计算,在确定边界道址后对谱数据进行数值积分运算。测量^{137}Cs 的γ信号时程序前面板如图 6.15 所示。

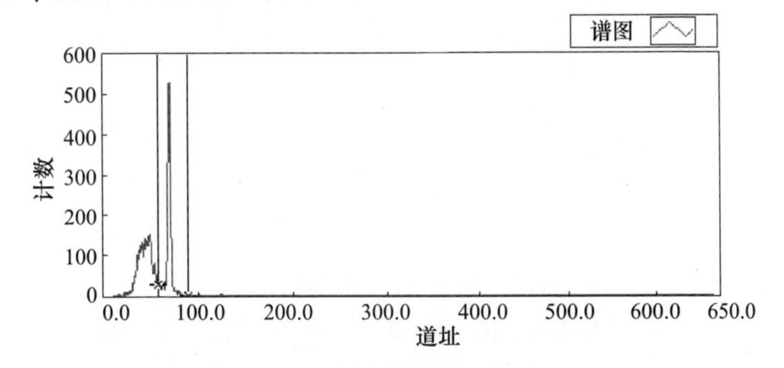

图 6.15　信号定量分析前面板图

第六节　测 试 结 果

利用小波滤波、堆积校正、幅值提取算法等对核辐射脉冲信号进行了分析,实现了脉冲幅度的精确获取,其能量分辨指标:^{137}Cs 约 3.00% (0.662MeV),^{60}Co约 2.50% (1.332MeV)。

另外,将 Cd(Zn)Te 探头与传统电子学系统相连接,使用 Inspector2000 和 Genie2000 能谱测量系统测量^{137}Cs 得到的能谱能量分辨率约为 2.2%,如图 6.16所示。

与数字测量平台产生的差异主要是由于前放的输出信号在 100mV 以下,使用数据采集卡测量时使用 200mV 量程(数据采集卡满量程为 20V,转换精度为 14 位),由数据采集卡内部的放大器进行放大,使信号满量程进行数据转换,而卡内的放大器指标不如传统电子学系统中的谱仪放大器,造成了最后能谱能量分辨率与传统系统相比有较小的差距。

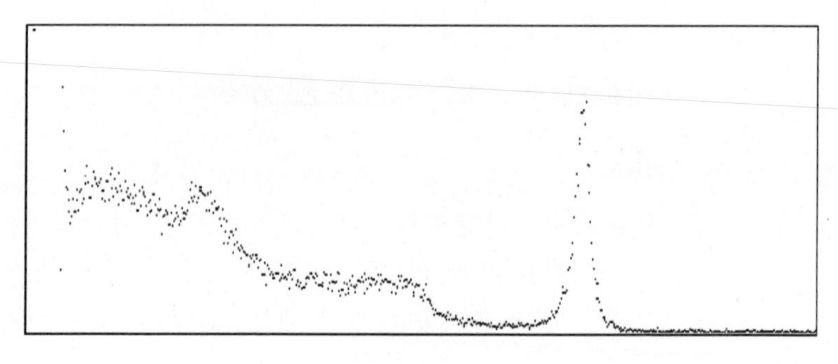

图 6.16 Inspector2000 谱仪测得的 ^{137}Cs 能谱

第七节 单探测器不同类型辐射并行测量分析

一、系统构成

数字测量与分析技术由于可以进行多参数(脉冲信号的幅度、计数(率)、脉冲间隔、波形、上升时间等参数)的同步测量,综合利用这些信息,结合多辐射响应探测器,可以同时进行多辐射类型的测量分析,这里结合金硅面垒探测器,说明数字测量与分析平台在不同类型辐射并行测量分析方面的应用。

采用金硅面垒探头和数字测量与分析平台来组成金硅面垒数字测量分析仪。

金硅面垒探头为 GM-16 型,有关硬件指标如下。

(1) 外形尺寸(直径×高度):24mm×6mm

(2) 灵敏区直径:16mm

(3) 耗尽层厚度:500μm(100V)

(4) 反向电流:1.5~5μA(300V)

(5) 能量分辨率:5% ~10% (^{241}Am)

(6) 探测效率:100% (α),40% ~50% (β)

二、不同类型辐射并行测量分析

金硅面垒探测器主要用于重带电粒子的强度和能谱测量,由于 β、γ 射线在穿过探测介质时也会沉积一部分能量,因此还可用于 β、γ 计数。这里首先使用金硅面垒数字测量分析仪分别对 α、β、γ 放射源进行了测量分析,最后重点讨论了对 α、β 混合源的测量分析。

1. α 放射源测量分析

实验中采用 ^{241}Am 放射源(α,5.443MeV,5.486MeV),测量界面如图 6.17

所示。

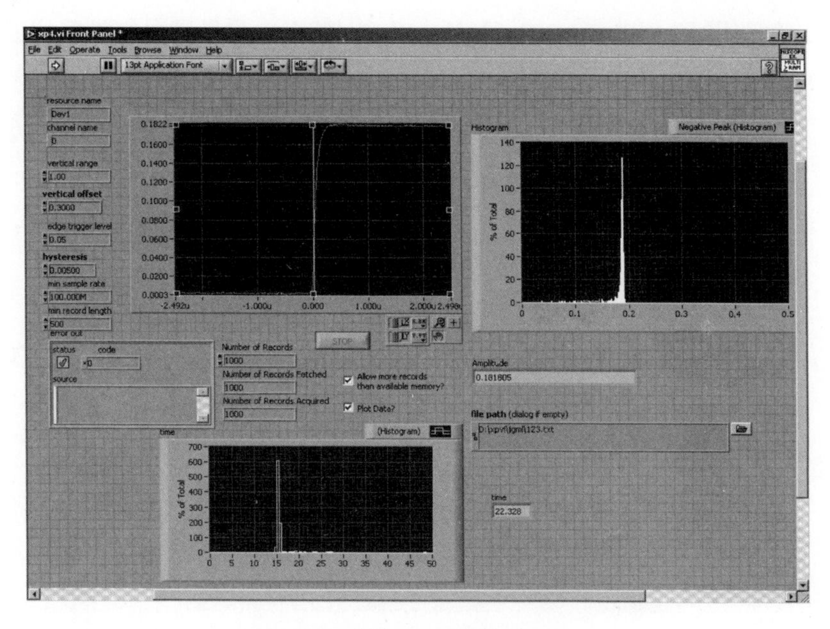

图 6.17 ^{241}Am 放射源测量界面

实验测量总共采集 100000 个样本,每个样本采集 500 个点,由图中可以看到脉冲幅度集中在 0.1 ~0.2V 之间(主要在 0.19V 左右),编程计算能量分辨率为 5.5%,与传统电子学系统测量指标相同。时间前沿分布集中在 16 ~17 个点(160 ~170ns)。

某一次实际采集波形如图 6.18 所示。

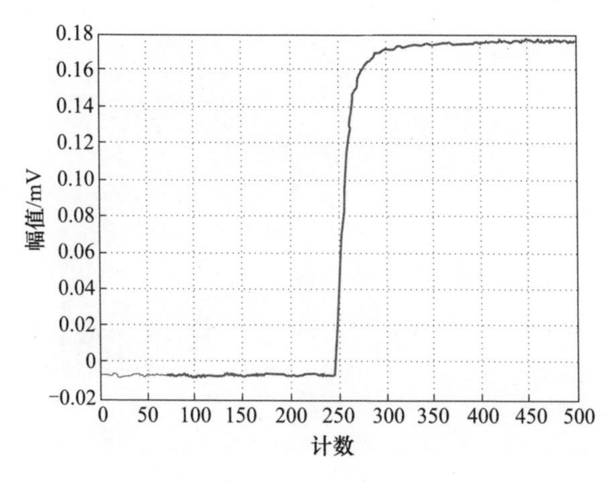

图 6.18 ^{241}Am 数字测量采样波形

2. β 放射源测量分析

实验采用^{90}Sr－Yβ 源(β,0.546MeV,2.274MeV),测量界面如图6.19所示。

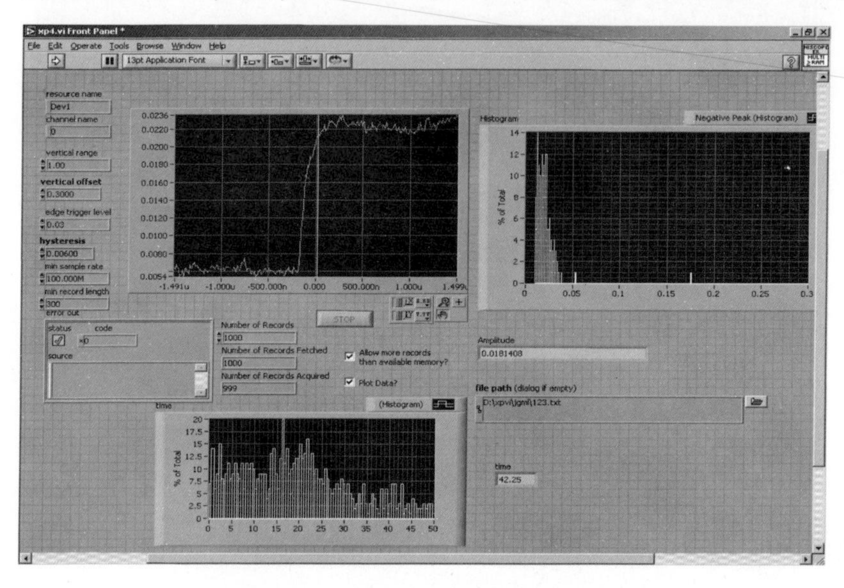

图6.19　^{90}Sr－Yβ 源测量界面

从图中得知脉冲幅度集中在20～40mV之间,放大显示测量能谱如图6.20所示。时间前沿分散在50以内。观察采集波形图6.21可知,由于β粒子在探测介质中沉积能量少,前放输出的脉冲幅度小,受噪声影响比较大,另外由于低阈值使得部分噪声信号被采集进来,这些因素综合造成了能谱形状没有明显分布,前沿的时间分布也比较离散。

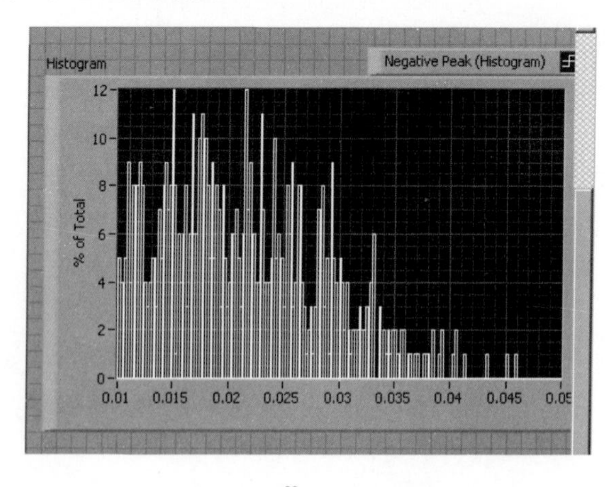

图6.20　^{90}Sr－Yβ 能谱

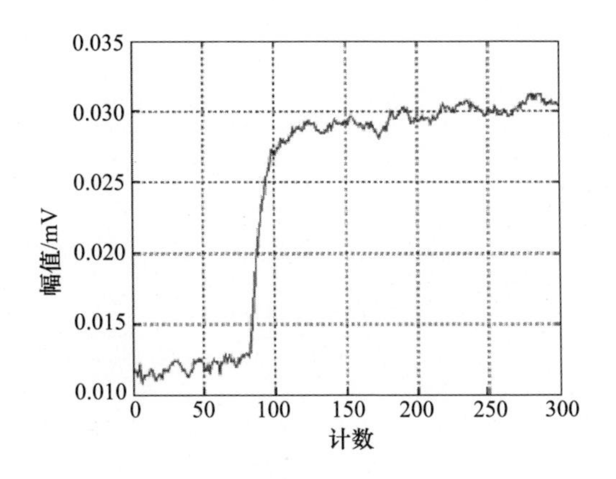

图 6.21 $^{90}Sr - Y\beta$ 粒子采集波形

3. γ 放射源测量分析

测量实验采用$^{152}Eu\gamma$ 放射源,测量界面如图 6.22 所示。

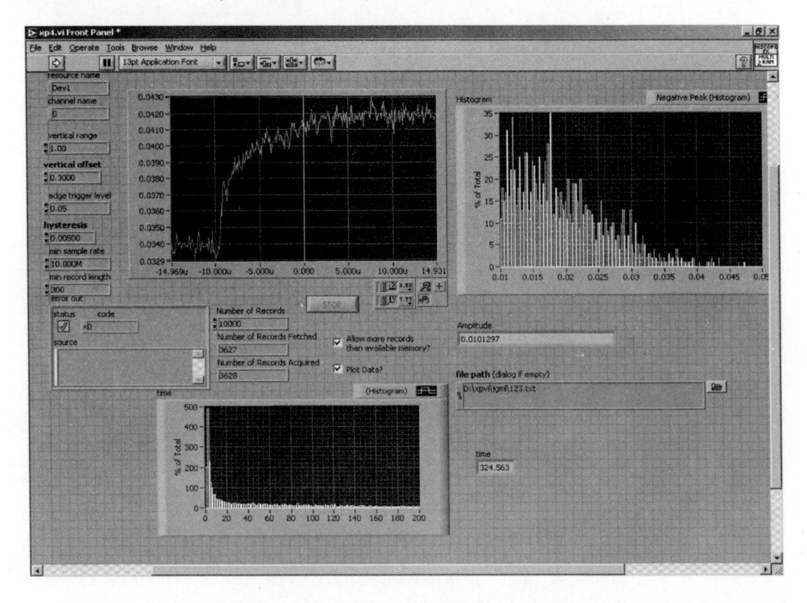

图 6.22 $^{152}Eu\gamma$ 放射源测量界面

单次采集波形如图 6.23 所示。

从测量结果上可以看出,γ 辐射测量与 β 辐射测量情况类似。

4. α、β 混合放射源测量分析

实验采用$^{241}Am + ^{90}Sr - Y$ 放射源进行了不同类型辐射并行测量分析,测量界面如图 6.24 所示。

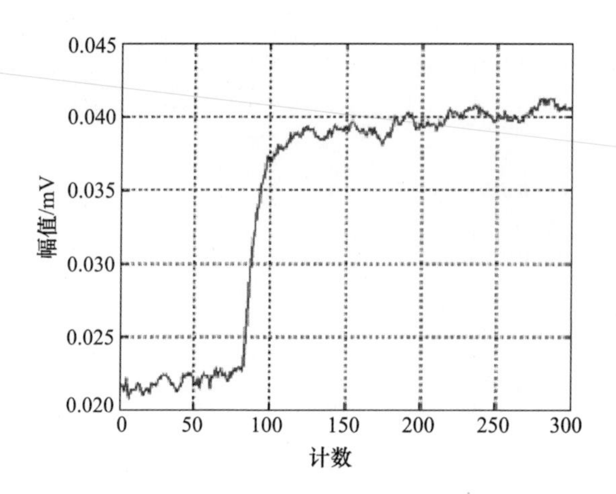

图 6.23 ^{152}Eu γ 放射源数字测量波形

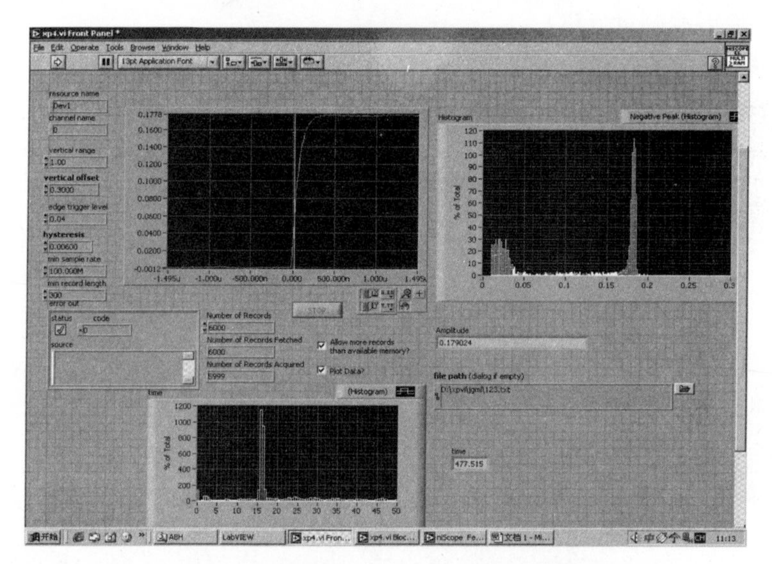

图 6.24 ^{241}Am + ^{90}Sr – Y 多辐射混合测量界面

可以看到脉冲幅度集中在 00.1 ~ 0.05V 以及 0.1 ~ 0.2V 之间，分别是 β 和 α 粒子的辐射能谱。时间前沿集中在 16 ~ 18 的是 α 粒子，其他时间数值上的分布是 β 粒子的贡献。

根据核辐射脉冲形成机理，探测器输出脉冲波形的某些参数（如脉冲的上升时间）和入射粒子的类型有关，通过这种波形参数的测量，可以识别入射粒子的类型。这里我们利用脉冲前沿的时间长度为标准来分析数据，形成 α 和 β 粒子各自的辐射能谱。

脉冲数据处理流程如图 6.25 所示。

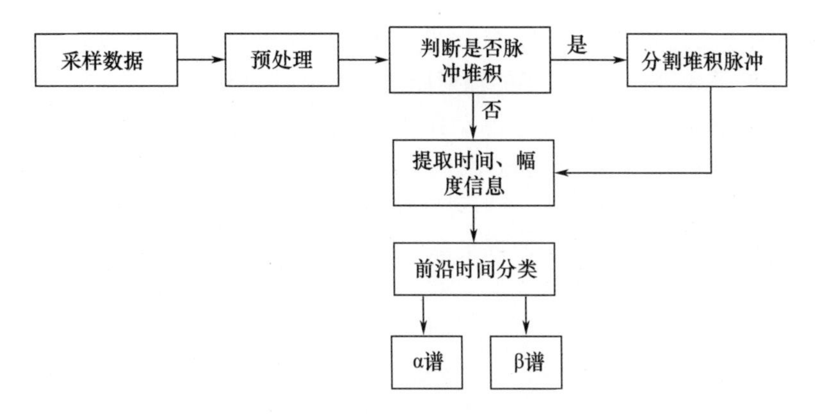

图 6.25　α 和 β 辐射数字测量与分析数据处理流程

编程计算结果如图 6.26、图 6.27 所示。

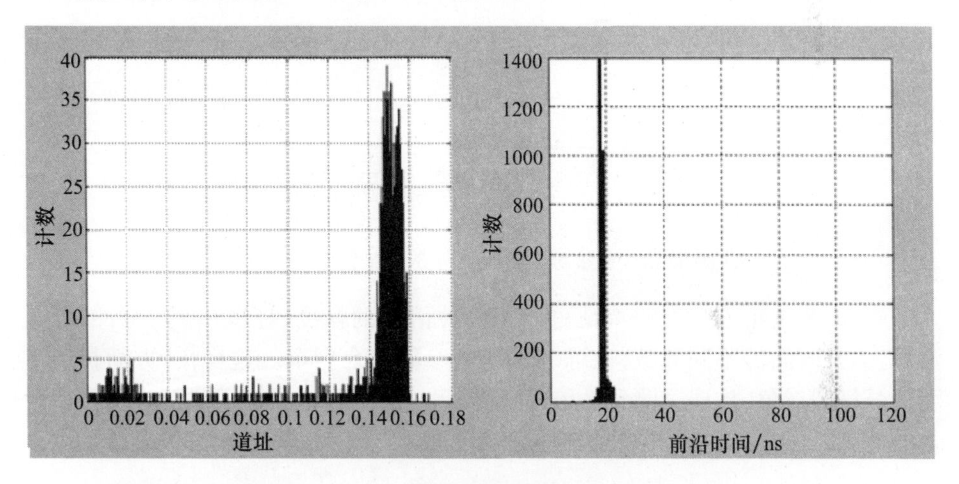

图 6.26　$^{241}Am\alpha$ 粒子辐射能谱和前沿时间分布谱

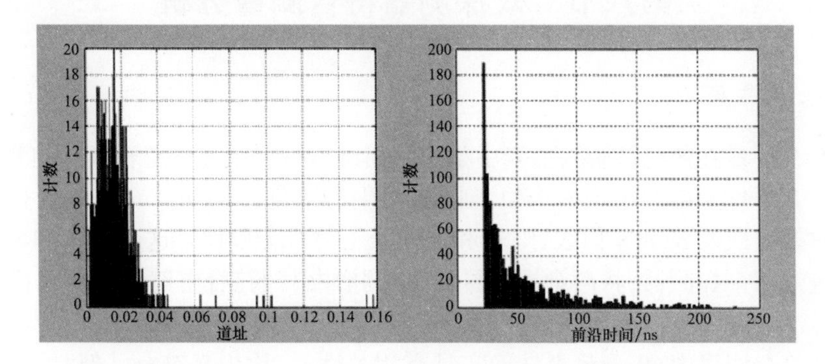

图 6.27　$^{90}Sr-Y\beta$ 粒子辐射能谱和前沿时间分布谱

通过图 6.26、图 6.27 可以看出，使用前沿时间分类方法可以较好地分离出^{241}Amα 粒子和^{90}Sr - Yβ 粒子的辐射能谱和前沿时间分布谱。当然，就本例来说，通过幅度分类也可以较好地将 α 和 β 粒子两类辐射分离，但是从方法而言，前沿时间分类方法更具有普遍适用性。本方法同样可以用于其他粒子类型分辨测量，如闪烁体探测器的中子、γ 类型分辨，由于闪烁体探测器的时间响应快，脉冲前沿时间在纳秒量级，要求数据采集卡的采样率至少要在 1GHz 以上。

三、实验总结

从以上实验环节可以看出，数字测量与分析平台由于可以进行多参数的同步测量，综合利用信息率高，可以同时进行不同类型辐射的并行测量分析（前提是辐射探测器对不同类型的辐射都要有响应）。针对不同类型辐射并行探测，可以通过采样、预处理、提取信息、特征分类等一系列环节来得到不同类型的辐射谱图，如图 6.28 所示。

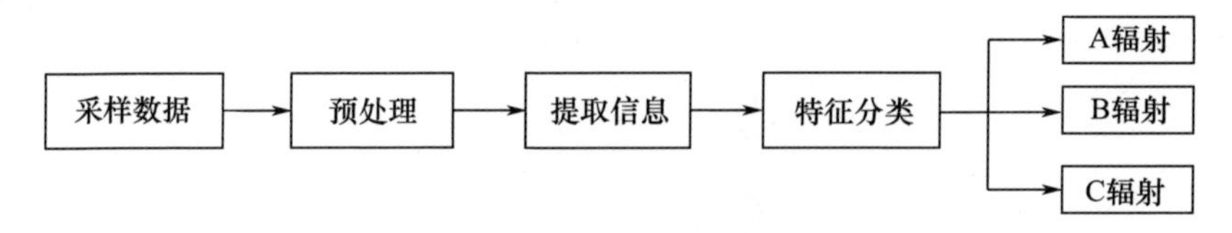

图 6.28　多辐射数字测量与分析数据处理流程

图 6.28 中用于分类的特征可以是脉冲信号的幅度、计数（率）、脉冲间隔、波形、上升时间等不同参数，也可以是几个参数综合判定。这样，一方面扩展了测量分析的对象，扩展了测量系统的功能；另一方面深入挖掘了核脉冲信号所蕴含的信息，提高了测量结果的精确性。

第八节　双探测器符合测量分析

一、基本原理

符合测量在传统核辐射探测中是指利用符合电路来甄选符合事件的测量方法。符合事件是指两个或两个以上同时发生的事件。例如，^{241}Am 原子核级联衰变时接连放射 α 和 γ 射线，则 α 和 γ 便是一对符合事件。这一对 α 和 γ 如果分别进入两个探测器，将两个探测器输出的脉冲引到符合电路时便可输出一个符合脉冲，这就是传统符合的实施过程。

在符合测量中，当测量事件确实具有相关性时，称为真符合。但是，也存在不相关的符合事件，如在上述 α - γ 级联衰变过程中，有两个原子核同时衰变，其中一个原子核放出的 α 与另一个原子核放出的 γ 又分别被两个探测器所记录,这样的事件就不是真符合事件。同样,两个不相关的宇宙射线粒子,同时分别进入两个探测器,这时符合电路也输出符合脉冲,但这个事件也不是真符合事件。这种不具有相关性事件间的符合称为偶然符合。符合测量分析时需要考虑偶然符合对真符合的影响。一般通过实验测量来计算偶然符合,然后在符合测量中扣除偶然符合的份额,计算得到真符合计数。图 6.29、图 6.30 分别是符合装置偶然符合测量示意图和符合测量示意图。

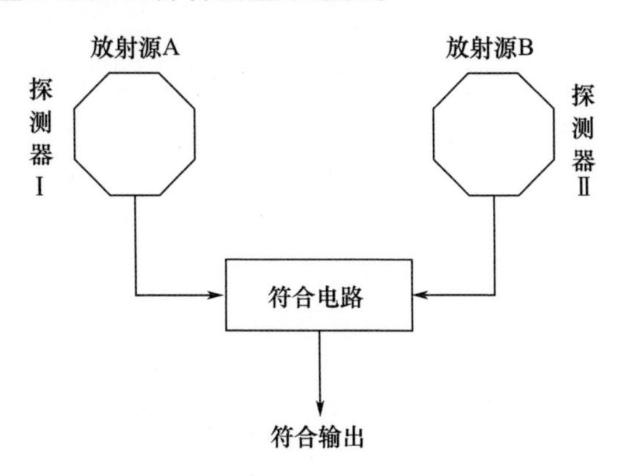

图 6.29　符合装置偶然符合测量示意图

在图 6.29 中,假设两符合道的脉冲宽度为 τ,即符合装置的分辨时间为 τ。再设第Ⅰ道的平均计数率为 n_1,第Ⅱ道的平均计数率为 n_2,则两道的偶然符合计数率为

$$n_{rc} = 2\tau n_1 n_2$$

利用图 6.29 符合装置的实验布局,测量偶然符合计数率和单道计数率便可以确定符合装置的分辨时间 τ。

在图 6.30 中,设被测的是单一的 α - γ 级联辐射,源强为 A。用探测器Ⅰ记录 α 粒子,探测器Ⅱ记录 γ 光子。设探测器Ⅰ对放射源所张的立体角为 Ω_α,对 α 的探测效率为 ε_α;探测器Ⅱ对放射源所张的立体角为 Ω_γ,对 γ 的探测效率为 ε_γ,若本底计数率可以忽略,则第Ⅰ道的计数率为

$$n_\alpha = A\Omega_\alpha \varepsilon_\alpha \tag{6.6}$$

第Ⅱ道的计数率为

$$n_\gamma = A\Omega_\gamma \varepsilon_\gamma \tag{6.7}$$

真符合计数率为

$$n_{c0} = A\Omega_\alpha \varepsilon_\alpha \Omega_\gamma \varepsilon_\gamma \tag{6.8}$$

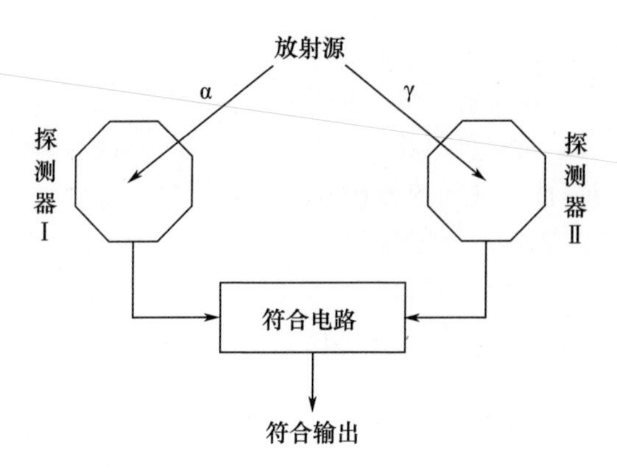

图 6.30　符合装置符合测量示意图

偶然符合计数率为

$$n_{rc} = 2\tau n_\alpha n_\gamma = 2\tau A^2 \Omega_\alpha \varepsilon_\alpha \Omega_\gamma \varepsilon_\gamma \tag{6.9}$$

在宇宙射线的符合率可以忽略的情况下，由测量得到的总符合率 n_c（$= n_{c0} + n_{rc}$）和单道计数率 n_α、n_γ 便可确定未知的源强 A。

二、双通道符合测量分析

数字测量分析平台中数据采集卡 NI－5122 具有两个通道，采用双探测器同时进行数字测量与分析就可以对同一核素进行符合测量分析。这里以 ^{241}Am 的 α－γ 级联辐射为例，由 Cd(Zn)Te 和金硅面垒探测器及数字测量分析平台组成双通道符合测量分析仪，结构如图 6.31 所示。将 Cd(Zn)Te 和金硅面垒探测器分别接到数据采集卡的 0、1 两个通道上，各自对 ^{241}Am 的 α 和 γ 辐射进行测量，通过相关分析，可以得到 ^{241}Am 的放射性活度。这里不采用任何硬件电路，直接通过软件进行符合测量分析，实现符合测量的目的。

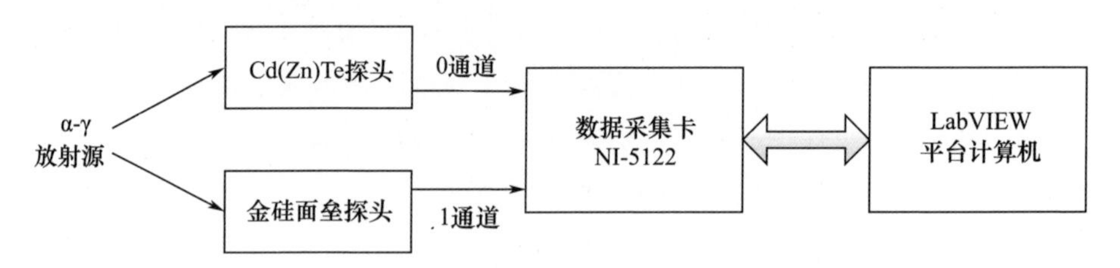

图 6.31　双通道辐射符合测量分析仪

系统中数据处理流程如图 6.32 所示。

1. 测试实验

使用 Cd(Zn)Te 探测器测量 ^{137}Cs，将 Cd(Zn)Te 探测器前放输出信号接入 0

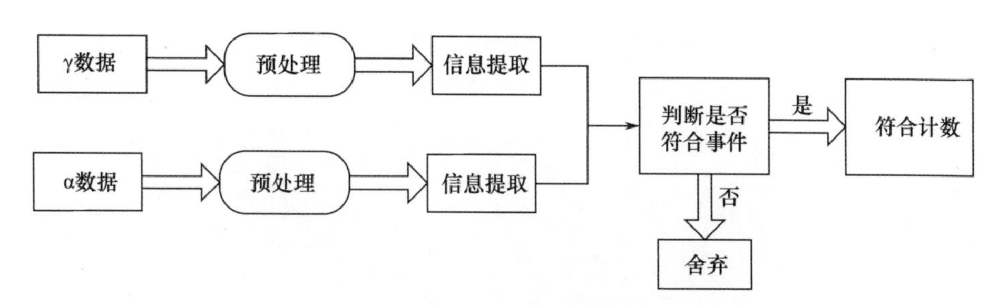

图 6.32　双通道符合测量分析数据流程

通道;同时将前放输出信号放大 3 倍左右接入 1 通道,编写程序令 0 通道主动触发采集数据,1 通道同步采集数据,进行测量,检查系统能否进行符合。测量结果如图 6.33 所示。右上角两个显示界面为 0 通道、1 通道的采样波形,下方两个显示界面为 0 通道、1 通道数据经过程序处理最终形成的能谱。从图中可以看到,两个通道时间完全同步,能够有效地进行符合测量,满足测量要求。

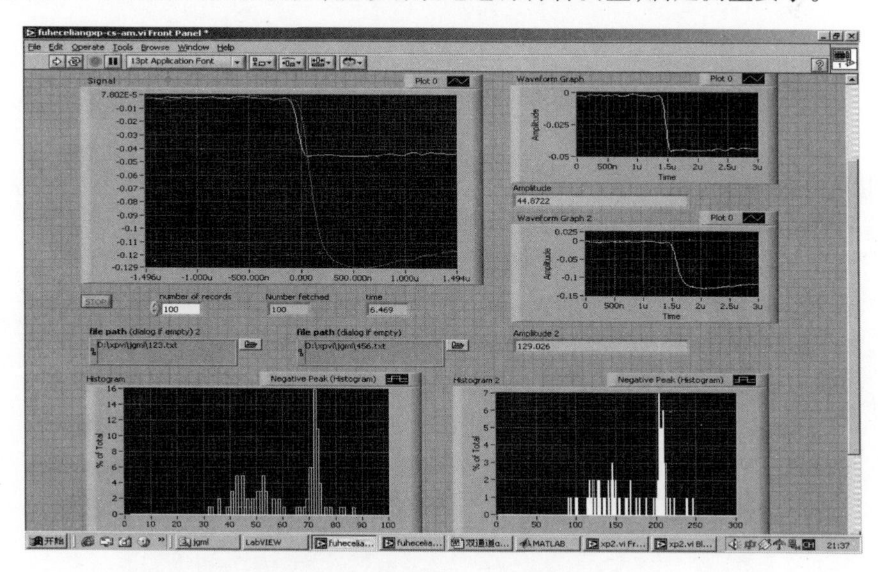

图 6.33　双通道符合测量测试实验

2. 偶然符合测量

使用 Cd(Zn)Te 和金硅面垒探测器分别测量^{137}Cs 和^{241}Am。将^{137}Cs 测量信号接入 0 通道主动触发采集数据,^{241}Am 信号接入 1 通道同步采集数据,进行符合测量。

测量中可以观察到 1 通道数据基本上都是噪声,如图 6.34 所示。测量 10000 个数据并记录测量时间为 695.812s。通过编程计算^{137}Cs 计数率为

14.37/s,偶然符合计数率为 2.87×10^{-3}/s。另外,单独用 1 通道触发测量^{241}Am 计数率为 40.7/s,最后计算得到系统的分辨时间 $\tau = 2.457 \times 10^{-8}$s。

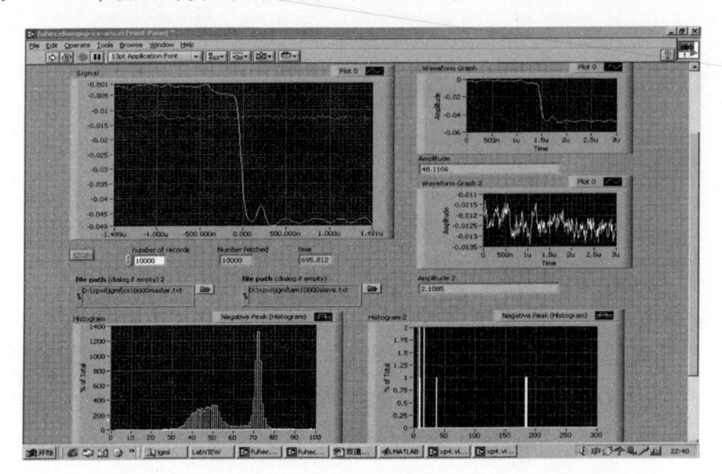

图 6.34　双通道偶然符合测量实验

3. 符合测量

使用 Cd(Zn)Te 和金硅面垒探测器同时测量^{241}Am 的 α 和 γ 粒子,γ 测量信号接入 0 通道主动触发采集数据,α 信号接入 1 通道同步采集数据,进行符合测量。测量界面如图 6.35 所示。

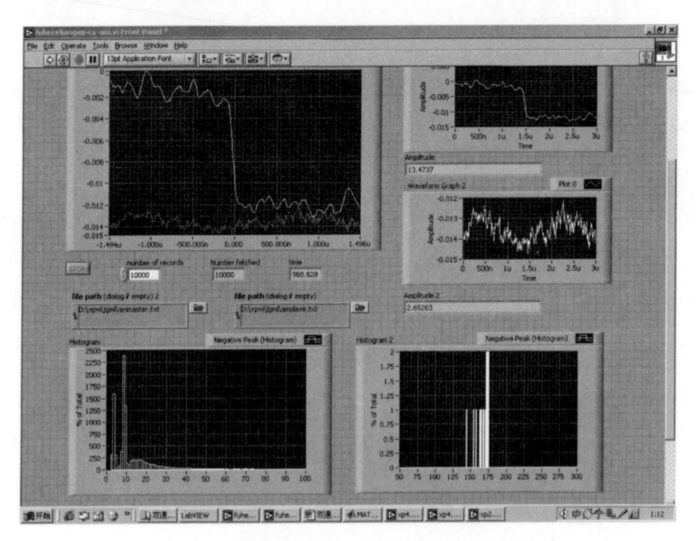

图 6.35　双通道符合测量实验 1

测量 1000000 个数据并记录测量时间为 98885s。编程计算总符合计数率

$n_c = 2.42 \times 10^{-4}/s$，0 通道$^{241}Am$的 γ 计数率 $n_\gamma = 10.11/s$。

为了对比分析，还改用 α 信号接入 1 通道主动触发采集数据，γ 测量信号接入 0 通道同步采集数据，测量数据 1000000 个并记录测量时间为 69043s，编程计算总符合计数率 $n_c = 2.61 \times 10^{-4}/s$，1 通道$^{241}Am$的 α 计数率 $n_\gamma = 14.48/s$。测量界面如图 6.36 所示。

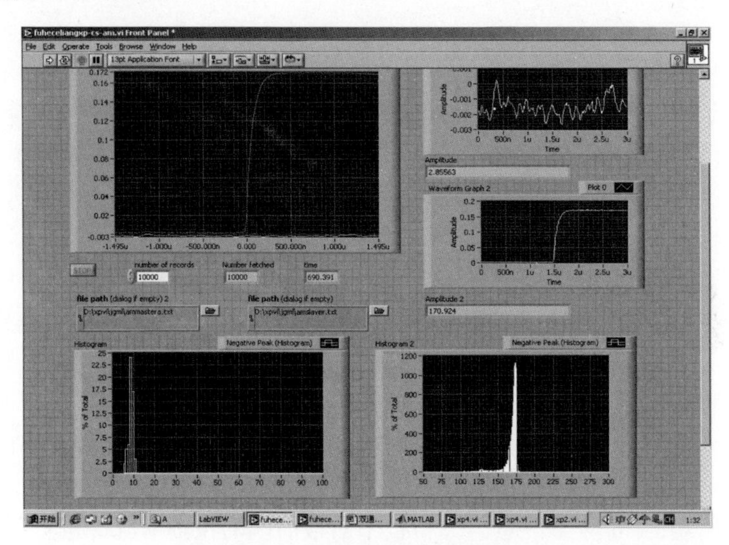

图 6.36　双通道符合测量实验 2

三、结果分析

符合测量对象的放射性活度为

$$A = \frac{1}{\dfrac{n_c}{n_r n_a} - 2\tau} \tag{6.10}$$

测量用的^{241}Am活度为 6.34×10^5 Bq。根据式(6.10)计算源活度列于表6.2中。

表 6.2　符合测量计算结果对比

序号	方法	测量时间	总符合计数率	活度测量值	活度真实值	误差
1	0 通道触发	98885s	$2.42 \times 10^{-4}/s$	6.05×10^5 Bq	6.34×10^5 Bq	5%
	1 通道同步					
2	1 通道触发	69043s	$2.61 \times 10^{-4}/s$	5.61×10^5 Bq		11%
	0 通道同步					

从结果可以看出：方法 1 计算源活度的效果较好，误差为 5%；方法 2 误差为 11%，效果不是很理想，主要是因为 γ 通道信号幅度较小，受噪声影响较大，程序判断符合时有误判现象，造成了符合事件数比实际符合事件多，导致放射源活度的计算结果偏小。整个实验证明，双探测器组成的数字测量分析平台可以有效地进行双通道相关测量分析，通过软件实现符合测量，从而提高系统的分析能力。

通过以上核辐射数字测量与分析平台的实验应用可以看出，核辐射数字测量与分析技术由于可以提取核辐射脉冲信号幅度、波形、上升时间等多种信息，能够在单探测器前提下进行多参数综合分析，完成强度测量、能谱分析、时间分布分析、粒子鉴别等功能，还能够采用双探测器进行符合测量，实现相关性分析，应用到级联衰变、多道符合谱仪、辐射粒子的方向角关联、正电子湮灭寿命等传统符合测量的各个领域。

另外，借鉴虚拟仪器技术建立的核辐射数字测量与分析平台，可以根据不同的测量任务选用不同的辐射探测器，然后配置相应的测量与分析软件，形成不同功能的核辐射测量分析系统，加上数据处理完全由程序软件实现，可以令系统工作在脉冲幅度分析、多定标器、列表等众多不同的数据获取模式，表现出了强大的功能和巨大的灵活性。

综上所述，鉴于数字测量与分析技术对最前端的核辐射脉冲进行采样，尽可能多地提取了其中的信息，加上后端灵活的数据处理方式，使得核辐射数字测量与分析技术能够有效应用到核辐射探测的众多领域，但由于受数据采集卡的指标限制，还未能有效应用到皮秒量级的时间分析领域。

第七章　核辐射数字测量应用

第一节　中子、γ甄别研究

在核辐射信号测量中，除了能谱测量外，经常要对不同入射粒子或者不同的核作用过程产生的信号进行甄别，因此粒子甄别也是物理实验中的一项基本技术。传统的模拟电路在这方面已做了许多努力，如根据幅度的不同进行甄别的幅度甄别器、根据信号上升时间进行甄别的时间甄别器等。在核信号波形采样的基础上，实现信号波形的甄别（数字技术）比模拟电路甄别技术相对灵活、方便，因为仅仅是软件算法的不同。因此，关于核信号波形甄别的算法研究正在受到越来越多的重视，因为它在许多应用场合（如n、γ甄别和α、β甄别）有很重要的应用。

利用探测器输出的时域脉冲信息进行粒子分辨，是从闪烁探测器的n、γ分辨技术开始的。随着原子核实验及核技术的应用和发展，尤其是原子能技术的应用发展，将中子测量提到突出重要的位置。核辐射测量过程中，γ射线必然伴随着中子产生，而且很多探测器对两种射线都具有响应。为了能正确地测量中子及其能谱，必须进行n、γ分辨测量。

某些无机闪烁体（如CsI(Tl)）和有机闪烁体（如芪晶体）具有不同衰减时间的闪烁荧光成分，由于不同带电粒子在闪烁体中的电离密度不同，因而所激发荧光的快成分与慢成分的强度比也不同，其输出光脉冲形状就有差异。利用不同带电粒子激发产生的闪烁光脉冲形状不同来鉴别粒子的技术称为脉冲形状甄别。

一、退激发光型探测器脉冲信号形成过程

核辐射测量领域，n、γ甄别技术主要以有机闪烁体探测器为主。有机闪烁体探测器属于退激发光型探测器。下面主要对有机闪烁体探测器的探测原理、脉冲形成过程和输出脉冲的特点进行分析，讨论实际测量中应用比较广泛的几种粒子分辨原理和方法。

退激发光型探测器脉冲的形成过程比较复杂，一般应用探测器进行辐射测

量时，只关心探测器的输出脉冲幅度、脉冲个数和脉冲所反映的入射粒子的能量，对于入射粒子的性质则靠其他的测量方法来获得，没有充分利用探测器输出脉冲的信息。如果充分利用探测器输出脉冲所反映的入射粒子信息，需要对入射粒子在探测器中形成输出信号的整个过程进行详细的分析和研究。退激发光型探测器脉冲信号形成的过程大致为三个步骤：电离、激发过程，以及退激过程和收集输出过程。

1. 电离、激发过程

入射荷电粒子进入探测器后，不断与探测物质发生相互作用。虽然入射粒子在探测介质中行程很短，但仍需要一定时间，这段时间记为 t_1。在时间段 t_1 中，入射荷电粒子连续地对探测介质进行电离或激发，这种电离或激发过程显然是不均匀的，由最初的能量高、动量大、速度快状态，逐渐损失能量，到最后能量低、动量小、速度慢的状态，这一过程基本上是由高动量向低动量的变化过程。但必须注意的是，此过程的比电离不是均匀分布的，而是一个函数分布 $F_1(t_1)$。

入射荷电粒子在介质中损失能量与速度有关，一般入射荷电粒子速度越小，损失的能量就越大，这种关系近似与速度的平方成反比。在相同的能量状态下，粒子速度的平方与质量成反比。由此推论，重粒子在介质中损失的能量快，而电子等轻粒子在介质中损失的能量相对较慢，这也就造成了重离子比电离大，而电子比电离小。如果将入射荷电粒子在探测器介质内作用的时间由平均自由程与平均速度作估算，在非相对论下，入射荷电粒子的速度为

$$v = \left(\frac{2E}{M}\right)^{1/2} = c\left(\frac{2E}{Mc^{1/2}}\right)^{1/2} \tag{7.1}$$

式中：M 为入射荷电粒子的质量；E 为粒子携带的能量；c 为光速。若假设入射荷电粒子由初始到终止的平均速度，$\bar{v} = kv$，v 为初始速度，k 是小于 1 的常数，则入射荷电粒子在探测介质中的相互作用时间为

$$T = \frac{R}{\bar{v}} = \frac{R}{kc}\left(\frac{Mc^2}{2E}\right)^{1/2} \tag{7.2}$$

式中：R 为入射荷电粒子在探测介质中的射程。由于速度低能量损失快，故 k 应大于 0.5。假设 $k=0.6$，若将 M 换作原子质量理论，E 单位为 MeV，T 单位为 s，R 单位为 m，则式(7.2)可简化为

$$T \approx 1.2 \times 10^{-7} R(M/E)$$

这样，就可估计出重荷电粒子在探测介质中的作用时间。一般在固体或液体探测介质中，相互作用的时间为10^{-13}s 量级。

根据量子理论与相对论理论及考虑其他修正因子，可以推导出入射荷电粒

子在介质中能量损失的精确表达式，即 Bethe - Block 公式为

$$\left(-\frac{\mathrm{d}E}{\mathrm{d}x}\right)=\frac{4\pi z^2 e^4 NZ}{m_e v^2}\left[\ln\left(\frac{2m_e v^2}{I}\right)+\ln\left(\frac{1}{1-\beta^2}\right)-\beta^2-\frac{C}{Z}\right] \tag{7.3}$$

在实际入射荷电粒子与探测介质相互作用过程中，速度 v 不是一个定值，而是时间函数 $v(t)$，速度随作用时间不断发生变化。对于重入射荷电粒子，其能量损失函数为

$$F_1(t_1)=\frac{4\pi z^2 e^4 NZ}{m_e v(t)^2}\left[\ln\left(\frac{2m_e v^2}{I}\right)+\ln\left(\frac{1}{1-\beta^2}\right)-\beta^2-\frac{C}{Z}\right] \tag{7.4}$$

对于入射电子，则

$$F_1(t_1)=$$

$$\frac{4\pi z^2 e^4 NZ}{m_e v(t)^2}\left[\ln\left(\frac{2m_e v^2}{I}\right)+\ln 2\left(2\sqrt{1-\beta^2}-1+\beta^2\right)+(1-\beta^2)+\frac{1}{8}\left(1-\sqrt{1-\beta^2}\right)\right] \tag{7.5}$$

式中：$\beta=V(t)/C$。

由(7.4)、式(7.5)可得出，探测器输出的信息中，不同入射荷电粒子在电离过程中有不同的表现。总的来讲，这一过程的时间是很短暂的，但不同荷电粒子性质的差别正是在这短暂的时间内表现出来。

2. 退激过程

退激发光型探测器电离、激发原子、分子的退激发光过程与其他类型的探测器有所区别。退激发光型探测器中被激发的原子、分子一般会直接退激，发射光子；而电离的原子、分子必须先复合，复合成激发态原子、分子，然后再退激。电离介质原子、分子表示为 M^+，激发的原子、分子表示为 M^*，整个退激过程可表示为

$$\text{A}: M^* \to M + \text{光子} \quad \text{或} \quad M^* \to M + \text{热}$$

$$\text{B}: M^+ \to M^*$$

A 为激发过程，B 为电离过程。激发的原子、分子通过释放光子或猝灭进行退激，但 B 过程要有一个较长的复合过程，随后仍按 A 过程进行衰变，这一过程大约为10^{-7}s 量级或更长，且复合过程与比电离直接相关。比电离大，则入射荷电粒子在路程上形成的电离密度大，形成较浓密的等离子区，这样等离子体之间发生多粒子相互作用，对复合过程造成一定的影响，待离子密度扩散到一定程度，离子密度变小，复合过程才能顺利进行。因此，介质的发光情况分成了两种不同的过程：一是激发的原子、分子很快退激发光；二是电离的原子、分子复合成

激发态，然后退激发光，这就需要一定的时间，这一过程相对前一过程要慢很多，且慢的时间长短与比电离相关。比电离越大，时间过程越长，所占的份额也就越多，反之时间过程短，所占份额就越少。因此，从电离激发的份额以及比电离的差异，可以判断入射荷电粒子不同，以此进行粒子性质的甄别。

每一固定的激发和退激发光服从指数衰减规律，可表示为

$$n(t) = -\frac{\mathrm{d}n_{\mathrm{ph}}(t)}{\mathrm{d}t} = \frac{n_{\mathrm{ph}}}{\tau_0}\mathrm{e}^{-t/\tau_0} \tag{7.6}$$

式中：$n(t)$为t时刻单位时间内闪烁体退激发出的光子数；$n_{\mathrm{ph}}(t)$为闪烁体发出的总退激光子数；τ_0为发光衰减时间，即退激发光到初始值$1/e$时的时间间隔。实际闪烁介质的发光强度衰减过程，可以分成快慢两种成分，即

$$n(t) = n_{\mathrm{f}}\mathrm{e}^{-t/\tau_{\mathrm{f}}} + n_{\mathrm{s}}\mathrm{e}^{-t/\tau_{\mathrm{s}}} \tag{7.7}$$

一般来讲，有机闪烁体的快发光衰减时间τ_{f}为10^{-9}s量级，而慢成分的发光衰减时间τ_{s}则要大1～2个数量级。

3. 收集输出过程

$F_3(t_3)$是收集输出的过程。对任何入射荷电粒子，探测器本身固有的性质如时间常数等都是相同的，$F_3(t_3)$函数本身并不能对不同粒子反映出不同，但它却可以将在$F_1(t_1)$、$F_2(t_2)$等过程中粒子产生的差别进行传输。$F_3(t_3)$实际上是输出回路上一个指数衰减过程。对一个δ函数的电离$I(t)$其探测器输出的电压为

$$V(t) = \mathrm{e}^{-1/(R_0C_0)}\left[\int \mathrm{e}^{-1/(R_0C_0)}I(t)\,\mathrm{d}t + C_0V_0\right]/C_0 \tag{7.8}$$

式中：R_0C_0为探测器输出的时间常数；V_0为探测器所加的收集电压值。这样探测器输出的电压值实际上为

$$V(t) = \int_0^t\int_0^t\int_0^t F_1(t_1)F_2(t_2)F_3(t_3)\,\mathrm{d}t_1\mathrm{d}t_2\mathrm{d}t_3 \tag{7.9}$$

探测器输出的信息函数为

$$F(t) = F_1(t_1)F_2(t_2)F_3(t_3) \tag{7.10}$$

由此可以看出，输出信号完全反映了入射荷电粒子的性质，即反映了入射荷电粒子携带的电荷量、能量、动量等信息。这种反映有时表现在输出幅度上，但更多的是在脉冲形成的时间过程当中。因此，要甄别不同的入射荷电粒子，分析入射荷电粒子与探测介质的作用时间过程，即分析输出信号的时间过程，可达到甄别的目的。

二、闪烁探测器脉冲形成

闪烁探测器属于退激发光型探测器。闪烁探测器是把荷电粒子在与探测介质相互作用中电离、激发的原子、分子退激发出的光收集起来，形成信号来进行测量和分析的探测器。

1. 闪烁探测器工作过程

闪烁探测器信号形成过程如下：

(1) 粒子或射线进入闪烁体的探测介质，使闪烁介质原子、分子电离或激发。由于入射荷电粒子从一进入闪烁介质就开始了这一过程，因此在闪烁介质中，粒子开始与介质相互作用到停止，存在一个时间过程，且这一过程能量损失也不是均匀的。

(2) 探测介质的电离或受激原子、分子退激发光，也可能转换为晶格振动或热运动能量。这一过程有一个发光转换效率，它是由介质的性质所决定的。退激过程同样也不能一瞬间完成，它有一个衰减过程，发射光子服从指数衰减规律。

(3) 闪烁介质发出的光到达收集光的光电倍增管的光阴极也存在一个时间过程。在这一过程中，由于各种因素（如壁收集或散射等）的影响，可能造成光子损失，但由于光速极快，因此尽管在闪烁介质中可能由于不同位置发出光之间有所差异，但差异很小，进行时间分析可以将差异忽略。

(4) 光电倍增管阴极在接到光子后发出光电子，并在外电场作用下，逐步漂向各个打拿极。这一过程存在光电子的产生、倍增的时间过程，且这一时间过程是探测器本身固有的，对所有入射粒子或射线都是一样的。需要注意的是，入射荷电粒子与晶体作用时间及闪烁体发出荧光的时间非常短，若光电倍增管的响应时间较慢，这段时间的细节会被光电倍增管的响应时间模糊掉，因此要进行粒子分辨，必须选用响应时间快的光电倍增管。

(5) 光电倍增管输出脉冲信号。这里也有探测器的输出时间问题，这也是探测器本身固有的，并不因测量不同粒子或射线而发生变化，对于甄别入射粒子，这一过程可不予以考虑。在探测过程中，这一时间大小的设计要根据具体的测量对象决定，以达到最佳的测量效果。

由以上分析可知，闪烁探测器对不同粒子或射线的响应是有差别的，主要发生在探测介质的闪烁体发光形成过程及收集过程中。

2. 闪烁探测器输出脉冲特点

由前一节可知，探测器最后输出信息与入射粒子性质有关的部分为$F_1(t_1)$、$F_2(t_2)$，由于粒子性质差异主要体现在探测器脉冲形成过程中，因此其表现在脉冲前沿上，而脉冲后沿主要由探测器本身的时间常数决定。不同入射粒子在other

闪烁体中发光的发光衰减曲线如图 7.1 所示。可见，通过对时间的分析可知入射粒子的性质。

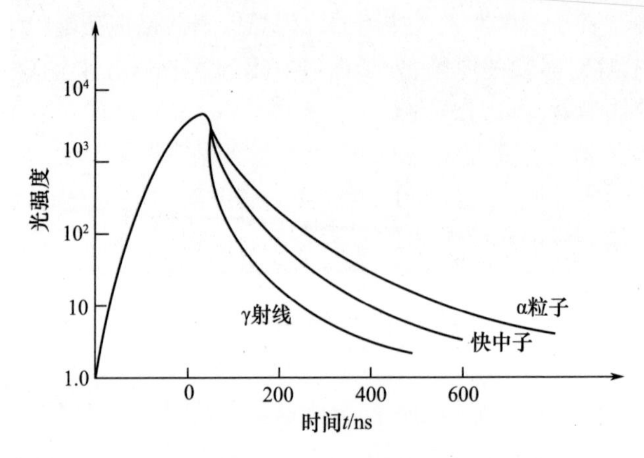

图 7.1　芪闪烁体对不同粒子发光衰减曲线

闪烁体探测器输出的脉冲信号是光电倍增管收集到倍增电荷后，在输出回路上形成的脉冲信号。脉冲信号的输出从入射荷电粒子使探测闪烁体介质电离、激发开始，接着退激发光并被光电倍增管光阴极收集，发出光电子，至倍增输出脉冲信号为止。为讨论方便，入射荷电粒子与闪烁介质作用过程与退激、发光过程合并一起，只用快慢两种时间成分的组合近似地加以描述。由于在相同能量状态下，重荷电粒子质量大、速度慢、比电离大，而轻荷电粒子质量小、速度快、比电离小，从而造成了重荷电粒子的作用过程相对于轻荷电粒子的过程要慢很多，导致轻荷电粒子脉冲信号中快成分多，而重荷电粒子慢成分多。荷电粒子在探测介质闪烁发出的光子数量为

$$N(t)=\frac{F_{\mathrm{f}}(t)}{\tau_{\mathrm{f}}}\mathrm{e}^{-t/\tau_{\mathrm{f}}}+\frac{F_{\mathrm{s}}(t)}{\tau_{\mathrm{s}}}\mathrm{e}^{-t/\tau_{\mathrm{s}}} \tag{7.11}$$

式中：$F_{\mathrm{f}}(t)$、$F_{\mathrm{s}}(t)$分别为入射荷电粒子在探测介质中激发原子、分子退激的快、慢成分光子数；τ_{f}、τ_{s} 分别为退激发光的快、慢成分时间衰减常数。一些有机闪烁体典型的快、慢发光衰减时间如表 7.1 所列。

表 7.1　几种闪烁体发光快慢时间表

闪烁体	τ_{f}/ns	τ_{s}/ns
芪	6.2	370
蒽	33	370
液体闪烁体	2.4	200

这一过程对所有的探测介质闪烁体都是一样的,只不过有机闪烁体介质与无机闪烁体介质作用过程及机制有所不同。最后,闪烁探测器输出的信号可表示为

$$V(t) \approx \frac{DF_{\mathrm{f}}(t)}{C}\left(\mathrm{e}^{-\frac{t}{RC}} - \mathrm{e}^{-\frac{t}{\tau_{\mathrm{f}}}}\right) + \frac{DF_{\mathrm{s}}(t)}{C}\left(\mathrm{e}^{-\frac{t}{RC}} - \mathrm{e}^{-\frac{t}{\tau_{\mathrm{s}}}}\right) \tag{7.12}$$

在 $t_1 \approx t_2 \propto RC$ 的情况下(一般都是成立的),上式可变为

$$V(t) \approx \frac{D}{C}F_{\mathrm{f}}(t)\left(1 - \mathrm{e}^{-\frac{t}{\tau_{\mathrm{f}}}}\right) + \frac{D}{C}F_{\mathrm{s}}(t)\left(1 - \mathrm{e}^{-\frac{t}{\tau_{\mathrm{s}}}}\right) \tag{7.13}$$

式中:D 为光电倍增管阴极的发光转换效率与打拿极总电子倍增率之积;C 为输出电容值。可以将闪烁体探测器输出脉冲的前沿看作两个指数函数之和,由快、慢两种成分组成。入射荷电粒子的性质决定了快、慢成分的比例的大小,可以通过分析探测器输出的脉冲信号的时间特性获得入射荷电粒子的性质,这正是甄别不同粒子的依据。

三、粒子甄别方法

n、γ 甄别方法由简单到复杂,日趋成熟。最早使用的是饱和法,它在光电倍增管的最后两个打拿极之间加很低的电压,使脉冲的快成分处于饱和状态,而脉冲的慢成分则不饱和。这种方法的缺点很多,如光电倍增管处于非正常工作状态、不能引出阳极块信号、分辨下限不能低、动态范围窄等,很快就被淘汰了。随后发展出了抵消法,它是利用中子和 γ 射线的脉冲快慢成分光强之比的差别,将从光电倍增管阳极引出的负信号和从打拿极引出的正信号,通过调节脉冲幅度和电子线路的时间常数进行抵消,抵消后 γ 射线的输出为0,而中子不为0,以此实现对中子和 γ 射线的甄别。在实际调试中,由于线路中二极管对不同幅度脉冲的非线性及光电倍增管电流脉冲与光脉冲之间的差异,n、γ 甄别性能不是很理想,因此此法也被弃用。

随后发展起来的过零时间法、脉冲前沿拾取法和电荷比较法,由于其动态范围大,n、γ 甄别性能好,是目前所采用的三种最主要的 n、γ 甄别方法。

1. 过零时间法

不同入射粒子在探测器中输出的脉冲信号是不同的,这种不同表现在脉冲形状上,而脉冲的不同又主要表现在脉冲前沿上。对具有一定上升时间的脉冲信号进行微分,会产生双极性脉冲,这个双极性脉冲与零电平相交,存在过零点,且过零点只与脉冲信号前沿时间有关,即过零点由入射粒子与探测过程及微分时间常数决定,与脉冲信号幅度无关。通过对脉冲前沿起始时间与过零时间点的测量,可实现对入射粒子进行甄别。过零时间法实质是将探测器输出脉冲前

沿的差别转化成脉冲起始时刻到过零时刻的时间差别，将时间差别通过时—幅变换器转换成幅度差别，实现对入射粒子的甄别。

过零时间分辨原理如图 7.2 所示。

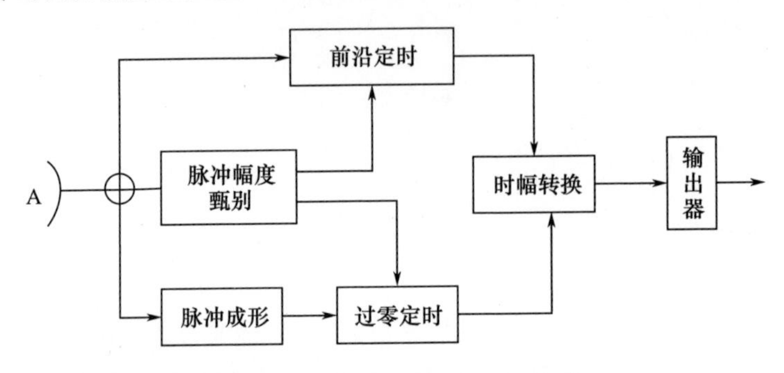

图 7.2　过零时间分辨原理示意图

过零时间法从物理思想上已经完全脱离了对探测器输出脉冲信号幅度的依赖，是从时域分析方面对脉冲的前沿进行分析，使粒子甄别技术进入一个新的阶段。这种方法不但在一定范围内进行粒子连续谱的分辨测量，还可用于半导体探测器、含氢正比管等对不同入射荷电粒子有不同响应的探测器的粒子甄别测量上。但过零时间法也存在一定的缺点，该方法虽然能将中子峰与 γ 峰分开，但分辨谷底仍不为零，这样就可能造成中子的丢失或 γ 的漏记，而丢失与漏记的脉冲信号都对应着固定能量的入射荷电粒子，因此可能造成较大的能谱畸变，尤其在宽动态范围的测量中更明显。

过零时间法是以核脉冲信号上升时间的大小为依据来甄别信号是否为所需要的脉冲信号，是核辐射测量中常用到的方法，在对整个信号波形进行微分的过程中，我们发现当对信号脉冲的上升沿求导数时，其斜率大于 0，当对脉冲波形的下降沿微分时，其斜率小于 0。即当其小于零时，说明已过最大峰值，停止微分运算，得出上升时间的值。

因此，利用脉冲信号的这一特点，能够对采样到的数字信号进行上升时间段的估值。

2. 脉冲前沿拾取法

脉冲前沿拾取法采用对探测器的脉冲前沿进行分析比较，不涉及脉冲信号幅度分析。这种方法的优点是它采用了自我比较的方法，将很多影响分辨的因素去掉，只用拾取出的脉冲前沿时间来进行入射粒子的甄别。

脉冲前沿拾取法甄别过程如图 7.3 所示。探测器输出脉冲信号分为三路，其中两路进行不同程度的衰减，如一路衰减为 $a\%$，二路衰减为 $b\%$，将第三路脉冲不变地延迟一定时间 τ_0,这里将二、三路脉冲进行混合比较,这两路脉冲有一个交点,将该点作为下拾取点,送到混合器触发脉冲作为触发开始;一、三路混合比较,脉冲的交点为上拾取点,送到混合器触发脉冲作为触发结束。这样,混合器输出的脉冲宽度时间也就对应脉冲前沿拾取份额,份额大小由对脉冲衰减的状态决定,即由 $a\%$ 到 $b\%$ 之间的差决定。这样可根据实际需要,很容易选择最佳分辨的拾取时间,可大大减少外来因素对探测器脉冲影响而造成的分辨变差。

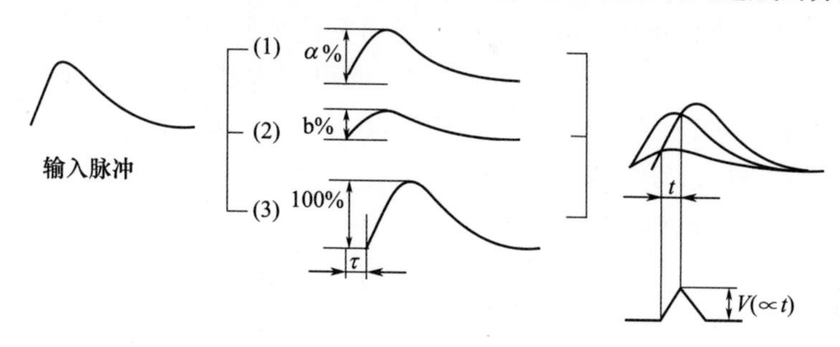

图 7.3 脉冲前沿拾取原理框图

3. 电荷比较法

大量实验结果表明,Csl(Tl)晶体中形成平均电离密度为 ρ 的带电粒子产生的闪烁光脉冲由快、慢两种组分构成。

对 Csl(Tl)晶体而言,快、慢两种成分的比率 $N_f(\rho)/N_s(\rho)$ 随着电离密度 ρ 的增加而增加。τ_s 基本上与电离密度 ρ 无关,而 τ_f 则是电离密度 ρ 的函数。R. S. Storey 等人把这种函数关系近似地用下列经验公式表示,即

$$\tau_f(\rho)-\tau_f^{\min}=(\tau_f^{\max}-\tau_s^{\min})e^{-\rho/\rho_0} \tag{7.14}$$

由于快、慢成分比率和光脉冲衰减时间不同,对于不同种类的带电粒子,它们在 Csl(Tl)晶体中产生的光脉冲有着不同的形状。如果光电倍增管工作在线性区,阳极得到的电流脉冲应该反映出光脉冲形状的不同,即阳极的电流脉冲为

$$I(t)\propto I_f e^{-t/\tau_f}+I_s e^{-t/\tau_s} \tag{7.15}$$

式中:$I(t)$ 为 t 时刻总的电流脉冲幅度;I_f、I_s 分别为快、慢门对应的最大脉冲幅度。

利用快、慢门对快、慢成分积分,得到的两种成分的电荷量分别为

$$Q_f=\int_t^{T_f}I(t)\,dt \tag{7.16}$$

$$Q_s=\int_{T_f+T_D+s}^{T_f+T_D+T_s+t}I(t)\,dt \tag{7.17}$$

式中:t 代表快门相对于阳极脉冲的延迟时间;T_f 是快门宽度;T_D 是慢门相对于

快门的相对延迟时间；T_s 是慢门的宽度。

如前所述，快、慢成分电荷量之比是平均电离密度 ρ 的函数，即 $Q_f/Q_s \propto F(M,Z,E)$，利用这一关系式，即可实现粒子甄别。在传统的电子学线路中，利用电荷灵敏 ADC 实现对阳极电压脉冲快、慢成分的积分，达到了粒子甄别的目的。

四、不同甄别方法的结果及比较

本实验中数据来源为中国原子能科学研究院某所，所用探测器为 BC501A 液体闪烁体探测器，放射源为 ^{137}Cs 和 ^{252}Cf。光电倍增管有两个输出端，分别为阳极和打拿极，本实验中信号数据从阳极读取。

1. 过零时间法实验结果

信号及微分曲线如图 7.4 所示。

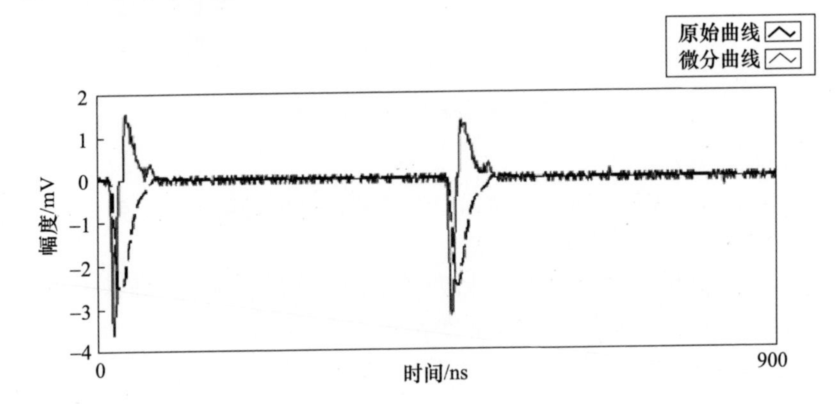

图 7.4　脉冲信号及其微分曲线图

对几组数据用过零时间法进行分析，结果大致相同，n、γ 甄别性能不是很理想，两者之间重叠部分较多。其过零时间法时间分布曲线如图 7.5 ~ 图 7.7 所示。

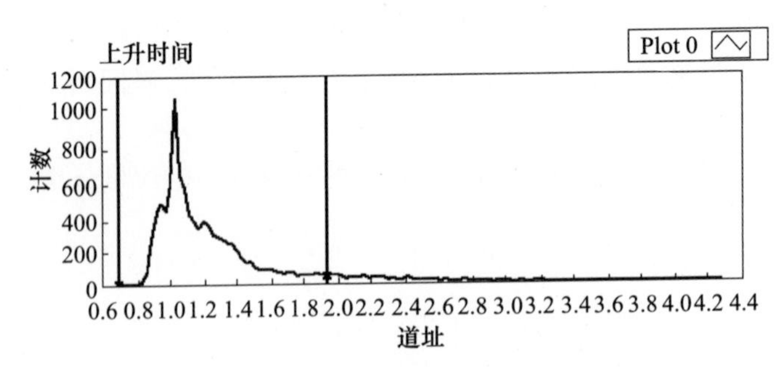

图 7.5　道数为 128 时时间分布曲线图

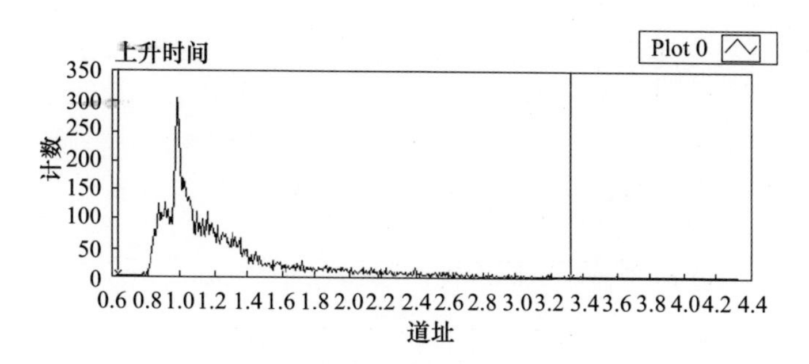

图 7.6　道数为 512 时时间分布曲线图

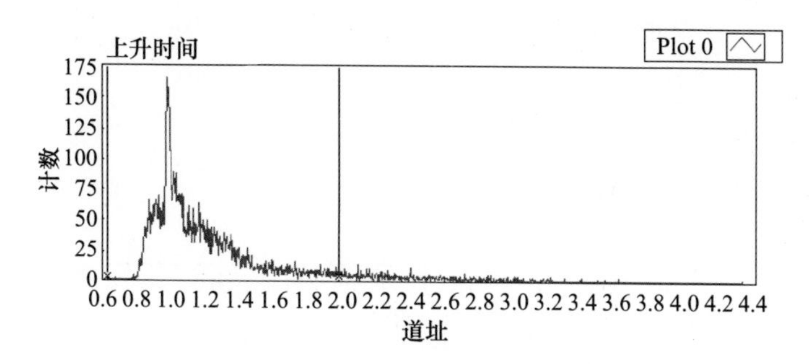

图 7.7　道数为 1024 时时间分布曲线图

从上面的实验结果可以看出,过零时间法并不能够很好地分辨出中子和 γ 两类粒子,主要是因为闪烁事件在光电倍增管阳极产生的电压脉冲形状取决于阳极电路的时间常数。常用在闪烁计数方面的可以分为两种极端情况:第一种极端情况对应于选择的时间常数大于闪烁体的发光衰减时间。当主要目标的脉冲幅度分辨良好,而脉冲计数率又不过分高时,常选择这种情况。于是,每个电子脉冲被阳极电路积分产生一个电压脉冲,其幅度等于 Q/C,即所收集的电荷与阳极电路电容之比。第二种极端情况是把阳极电路的时间常数调整到远小于闪烁体的发光衰减时间。这时会得到快得多的脉冲,这在快速定时应用或遇到高脉冲计数率时候是一个优点。与此同时,会损失一点脉冲幅度和分辨率。本实验中数据从阳极读取,考虑到高计数率,阳极电路时间常数小于闪烁体的发光衰减时间。此时,电压脉冲形状接近于闪烁体闪光引起的光电倍增管电流的形状,形成短持续时间的代价是脉冲幅度大大地衰减,脉冲幅度随阳极电路的时间常数呈线性变化而随闪烁体衰减时间成反比变化。但是在一定条件下,脉冲幅度仍然是阳极所收集的电荷 Q 的线性量度,虽然它很可能受噪声和元件不稳定影响而涨落,因此仅靠上升时间来分辨已不可取。

2. 脉冲前沿拾取法实验结果

脉冲前沿拾取法时间分布曲线如图 7.8 ~ 图 7.12 所示。

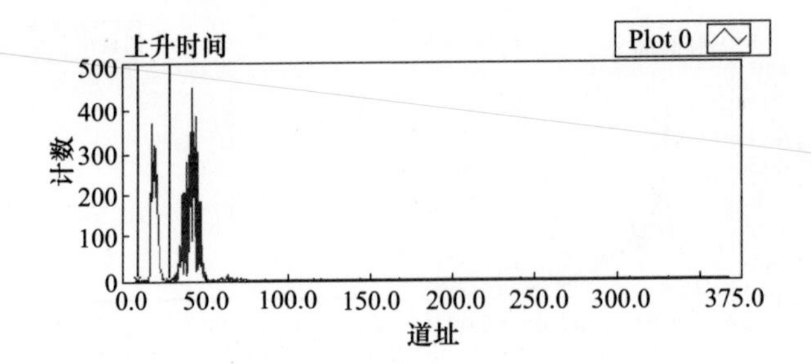

图 7.8　道数为 1024 时时间分布曲线图(数据 1)

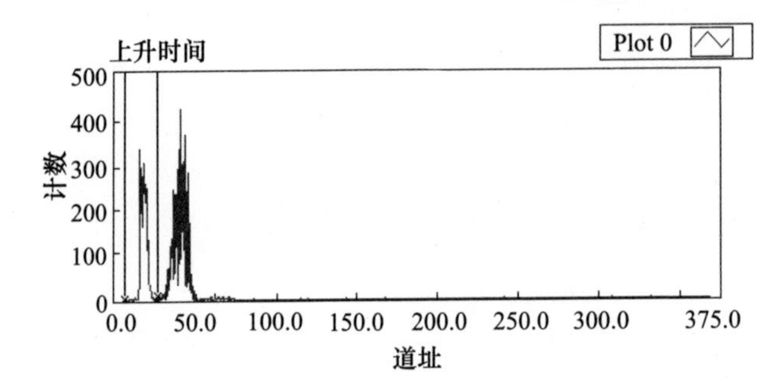

图 7.9　道数为 1024 时时间分布曲线图(数据 2)

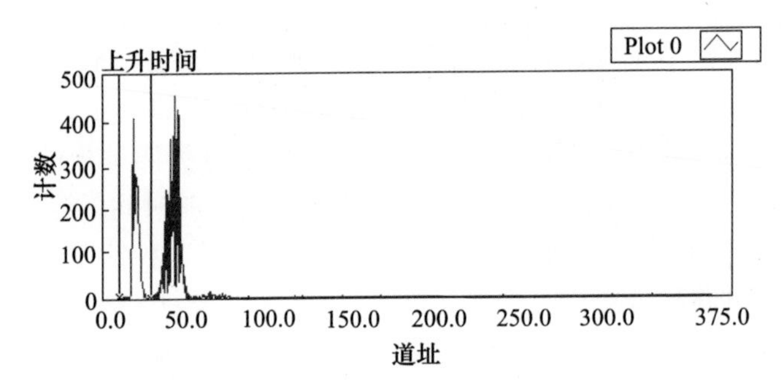

图 7.10　道数为 1024 时时间分布曲线图(数据 3)

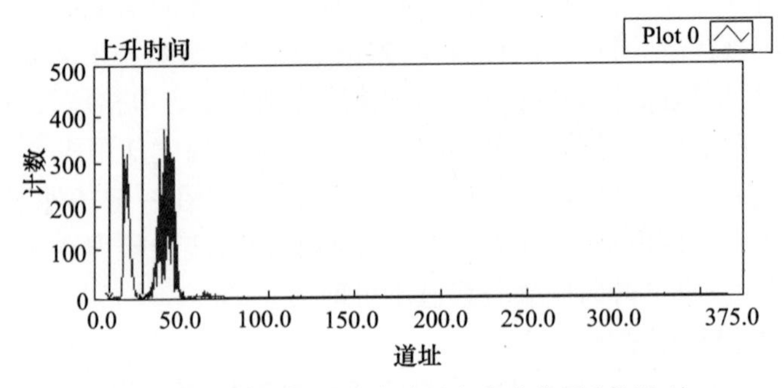

图 7.11　道数为 1024 时时间分布曲线图(数据 4)

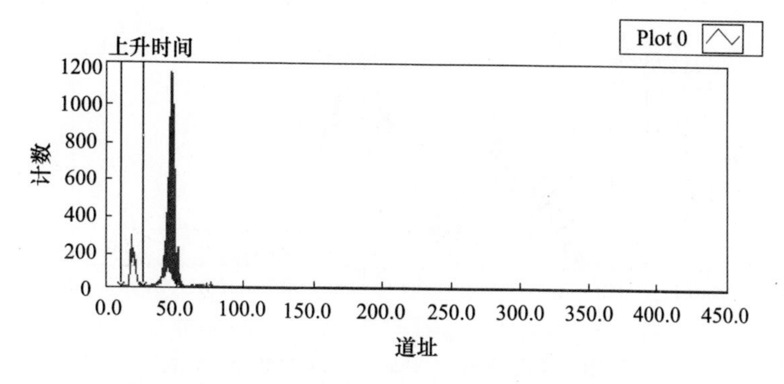

图 7.12　道数为 1024 时时间分布曲线图(数据 5)

3. 电荷比较法实验结果

电荷比较法时间分布曲线如图 7.13 ~ 图 7.17 所示。中子所占比例结果比对表如表 7.2 所列。

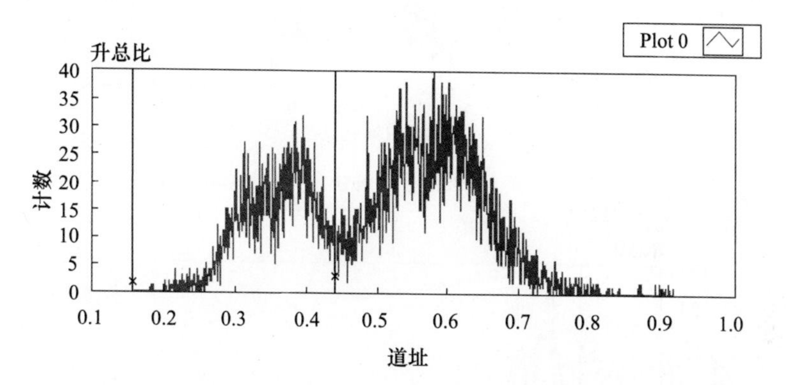

图 7.13　道数为 1024 时时间分布曲线图(数据 1)

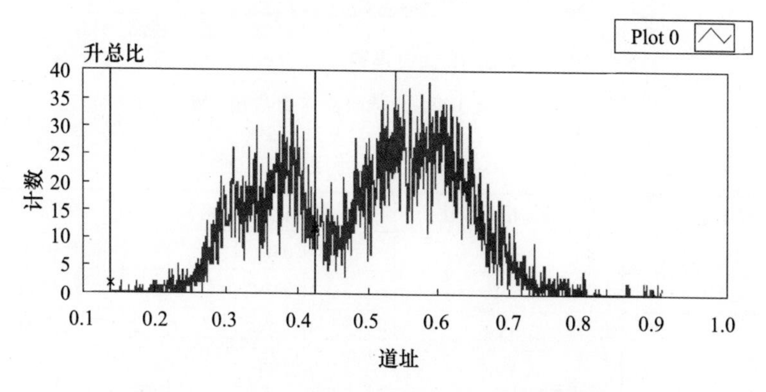

图 7.14　道数为 1024 时时间分布曲线图(数据 2)

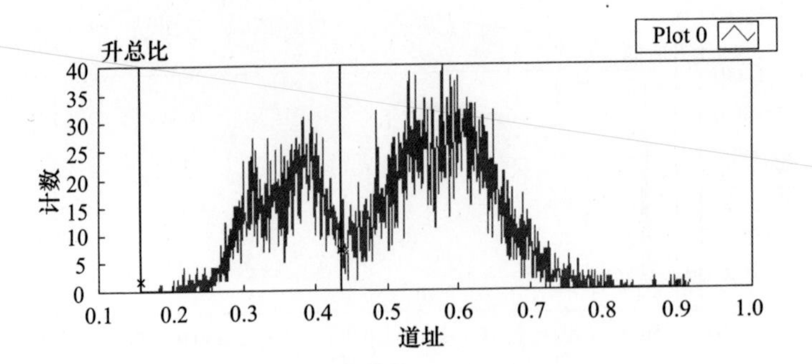

图 7.15　道数为 1024 时时间分布曲线图(数据 3)

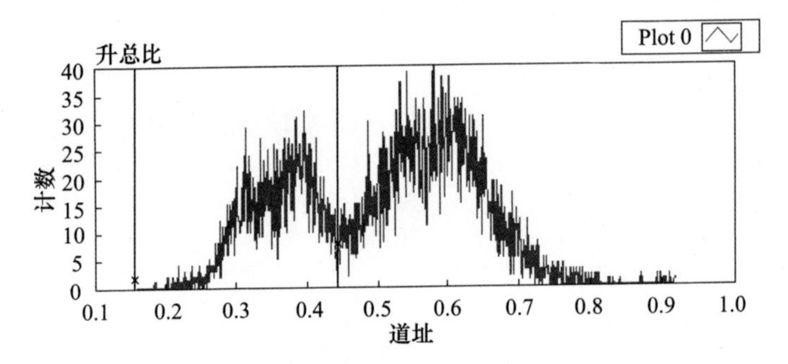

图 7.16　道数为 1024 时时间分布曲线图(数据 4)

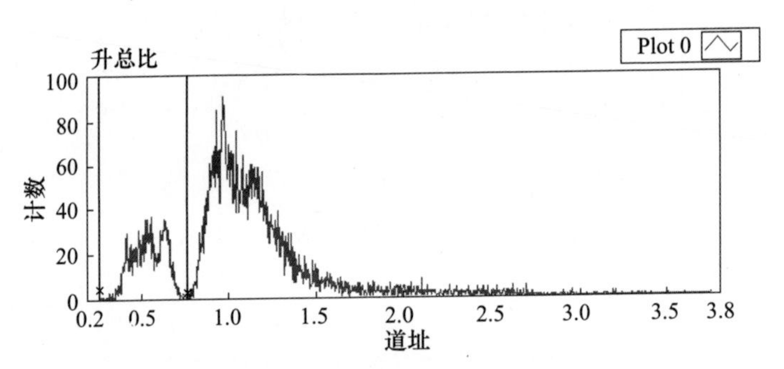

图 7.17　道数为 1024 时时间分布曲线图(数据 5)

表 7.2　中子所占比例结果比对表

数据序号	脉冲前沿拾取法	电荷比较法	相对误差
1	0. 3596	0. 3488	0. 0310
2	0. 3599	0. 3414	0. 0542
3	0. 3596	0. 3490	0. 0304
4	0. 3595	0. 3500	0. 0271
5	0. 1951	0. 1958	0. 00358

从图7.5～图7.17及表7.2可以看出，分别用过零时间法、脉冲前沿拾取法和电荷比较法三种方法在核辐射信号数字测量系统中对塑料闪烁体探测器所采集的信号进行n、γ甄别实验，过零时间法对n、γ甄别效果不是很理想。而脉冲前沿拾取法和电荷比较法均取得了满意的甄别效果，其甄别结果与中国原子能科学院提供的结果吻合。在5组数据中，两者的相对误差均低于6%。

五、中子－γ甄别算法研究

针对传统的时域n－γ甄别算法可靠性低，对不同类型脉冲（采集频率、放射源类型等固有特征不同）普遍适用性差的问题，现从时域和频域两个维度展开n－γ甄别算法研究。对时域选择电荷比较法、n－γ模型分析法进行改进，并创造性地将数字信号处理领域中的质心算法引入核信号处理领域。研究结果表明，改进后的算法在甄别可靠性和普遍适用性上有明显提高，而从甄别性能和算法复杂度角度综合考虑，改进后的质心算法是数字化n－γ实时甄别的最佳算法；频域研究表明，零频率幅值n－γ甄别算法能够适用于各种中子源的甄别，是较为理想的频域甄别算法。

1. 时域n－γ甄别算法改进研究

考察n－γ甄别时的甄别错误概率和FOM等甄别算法性能评价因子，在综合比较电荷比较法、上升时间法、抵消法、n－γ模型分析算法、脉冲斜度分析算法、过零时间算法等传统甄别算法的基础上，选取电荷比较算法、n－γ模型分析算法加以改进。另外，从数字信号处理领域中的质心算法、离散度算法、波形复杂度算法等算法中，将能够适应核脉冲信号且简单可行的质心算法引入核信号处理领域并加以改进。需要说明的是，对于模糊识别、神经网络等复杂度较高并且需要将大量脉冲进行缓存的甄别算法，就目前硬件发展水平而言无法实现实时处理，因此算法选取时将此类算法排除在外。

1）电荷比较算法改进

（1）电荷比较法基本原理。基于模拟电路的电荷比较法（Charge Comparison Method，CCM）是用一个时间常数很大的积分回路对电流进行积分：

$$Q = \int_0^{\infty} I(t)\,dt = I_f(\rho)\tau_f + I_s(\rho)\tau_s = Q_f(\rho) + Q_s(\rho) \tag{7.18}$$

式中：Q_f为电流脉冲中快电流成分的电荷量；Q_s为慢电流成分的电荷量。

根据式(7.18)得到Q_f/Q_s，以此作为甄别因子进行甄别，如果Q_f/Q_s值较大则代表这个脉冲的快电流成分较多，判定该脉冲为γ射线脉冲，反之则为中子脉冲。

对于离散采集的脉冲而言，Q_f和Q_s分别为

$$Q_{\mathrm{f}} = \sum_{n=T_{\mathrm{m}}}^{T_{\mathrm{s}}} \mathrm{Pulse}(n) Q_{\mathrm{s}} = \sum_{n=T_d}^{T_{\mathrm{s}}} \mathrm{Pulse}(n) \tag{7.19}$$

式中:Pulse(n)为高速采集卡采集的脉冲;T_{m} 为脉冲峰值道址;T_{s} 为采集脉冲停止阈值道址,通常取脉冲峰值道址后第60道;T_{d} 为n脉冲、γ脉冲快慢成分比差异较大点位,通常取峰值道址后15道。

(2)单位化电荷比较法。传统电荷比较法中 T_{s} 与 T_{d} 选用固定道址,不能很好地适应不同采集频率脉冲与不同源项射线脉冲,因此取脉冲最大幅值的0.03倍对应道址作为 T_{s},采用脉冲峰值的0.8倍幅值对应道址作为 T_{d}。同时,为消除脉冲求和道数不同对甄别的影响,利用每道平均电荷量的比值作为新的甄别因子,即

$$G = \frac{Q_{\mathrm{f}}/(T_{\mathrm{m}} - T_{\mathrm{s}})}{Q_{\mathrm{s}}/(T_{\mathrm{d}} - T_{\mathrm{s}})} = \frac{\sum\limits_{n=T_{\mathrm{m}}}^{T_{\mathrm{s}}} \mathrm{Pulse}(n)}{\sum\limits_{n=T_{\mathrm{d}}}^{T_{\mathrm{s}}} \mathrm{Pulse}(n)} \times \frac{(T_{\mathrm{d}} - T_{\mathrm{s}})}{(T_{\mathrm{m}} - T_{\mathrm{s}})} \tag{7.20}$$

研究发现,在进行甄别因子 G 求取前,对脉冲进行脉冲向量单位化对识别效果有很大改善,因此利用式(7.21)对脉冲向量进行单位化,我们将这种方法称为单位化电荷比较法(Normalization Charge Comparison Method,NCCM)。

$$\boldsymbol{\beta} = \frac{\boldsymbol{\alpha}}{\|\boldsymbol{\alpha}\|} = \frac{\boldsymbol{\alpha}}{\sqrt{\alpha_1^2 + \alpha_2^2 + \cdots + \alpha_n^2}} \tag{7.21}$$

式中:$\boldsymbol{\alpha}$ 为原向量;$\alpha_1, \alpha_2, \cdots, \alpha_n$ 为向量中的元素;$\boldsymbol{\beta}$ 为单位化后向量。

2. n-γ模型分析算法改进

1) n-γ模型分析算法基本原理

传统n-γ模型分析算法(Neutron - Gamma Model Analysis,NGMA)基本原理是根据国内外n、γ大量测量数据,给出n、γ脉冲经验模型(采用Marrone's model),以此为基准分别计算采集脉冲与n和γ经验模型的χ^2值,即χ_{n}^2和χ_{γ}^2,然后做差值取得 $\Delta\chi^2$ 作为甄别因子 G。

$$x(t) = A\left[\exp\left(-\frac{t-t_0}{\theta}\right) - \exp\left(-\frac{t-t_0}{\lambda_{\mathrm{s}}}\right) + B\exp\left(-\frac{t-t_0}{\lambda_{\mathrm{l}}}\right)\right] \tag{7.22}$$

$$\chi_{\gamma}^2 = \sum_{i=T_{\mathrm{m}}}^{T_{\mathrm{s}}} \frac{\left(\frac{Am_{\mathrm{g}}}{AP_{\mathrm{u}}}P_{\mathrm{u}}(i) - m_{\mathrm{g}}(i)\right)^2}{m_{\mathrm{g}}(i)} \chi_{\mathrm{n}}^2 = \sum_{i=T_{\mathrm{m}}}^{T_{\mathrm{s}}} \frac{\left(\frac{Am_{\mathrm{n}}}{AP_{\mathrm{u}}}P_{\mathrm{u}}(i) - m_{\mathrm{n}}(i)\right)^2}{m_{\mathrm{n}}(i)} \tag{7.23}$$

$$G = \Delta\chi^2 = \chi_{\gamma}^2 - \chi_{\mathrm{n}}^2 \tag{7.24}$$

式中：m_g 为 γ 标准脉冲；Am_g 为 γ 标准脉冲面积；m_n 为中子标准脉冲；Am_n 为中子标准脉冲面积；P_u 为采样脉冲；AP_u 为采集脉冲面积；T_m 为脉冲峰值对应时刻；T_s 为采集脉冲停止阈值时刻；停止阈值 y_s 取 0.03 倍的峰值 y_m。

以 G 为脉冲类型的评判标准，若 $G<0$，为 γ 射线脉冲，反之则为 n 脉冲。

2）自适应 n－γ 模型分析法

传统 n－γ 模型分析算法无法根据脉冲采样频率、探测器及源项种类来调节模型脉冲长度，以至于无法做到普遍适用，在利用式(7.20)对采样脉冲标准化的基础上，根据采样脉冲最大幅值到截止阈值道数调节模型脉冲长度，使模型脉冲最大幅值和截止阈值对应道址与采样脉冲相对应，从而减小粒子能量和类型以及采集频率不同对甄别的影响，以达到自适应的目的，这种算法称为自适应 n－γ 模型分析法(Adaptive n－γ Model Analysis，ANGMA)。

3. 质心算法改进

1）质心算法基本原理

传统质心算法(Centroid Algorithm，CA)是根据式(7.25)对信号波形或者曲线的"质量中心"进行求解，在统计学中表示"平均"的概念，主要应用于数字信号处理领域。通过实验发现，质心算法对核脉冲信号具有较好的适应能力，因此将质心算法引入核脉冲信号处理进行 n－γ 甄别。理论上而言，n 脉冲波形慢快成分比大于 γ 射线脉冲波形，因此所求的中子脉冲质心理应靠后，而 γ 射线脉冲质心偏前，以此为标准进行甄别。

$$\text{Centroid} = \frac{\sum_{n=T_m}^{T_s} n \cdot \text{Pulse}(n)}{\sum_{n=T_m}^{T_s} \text{Pulse}(n)} \tag{7.25}$$

2）可调节质心算法

通过 CA 算法处理 Am－Li 源、^{239}Pu 源和^{252}Cf 源脉冲数据得到的散点图可以看出质心 Centroid 随脉冲峰值是变化的，为了消除脉冲峰值对质心的影响，对传统质心算法进行改进，将所求质心加上微调项作为脉冲类型的甄别标准 G。这种能够调节的质心算法称为可调节质心算法(Adjustable Centroid Algorithm，ACA)。

$$G = \text{Centroid} + \begin{cases} [\text{walk}/y_m]^2 & 0 \leqslant \text{walk} \leqslant y_m \\ \text{walk} \times y_m & -y_m \leqslant \text{walk} \leqslant 0 \end{cases} \tag{7.26}$$

式中：y_m 为脉冲峰值，为降低算法复杂度，y_m 取脉冲最大值；walk 为调节因子。

4. 三种算法实验与结果分析

检验算法所用数据为中国原子能研究院放射化学研究所 37 室采用 5772 高

速数据采集卡采集的 BC501 液体闪烁体探测器的脉冲数据。采集脉冲幅值变化范围为 0 ~ 5V，^{239}Pu 与^{252}Cf 源脉冲采集频率为 1GHz，Am - Li 源脉冲采集频率为 1.6GHz。

1）n - γ 甄别图获取及对比分析

（1）NCCM 与 CCM 对比分析。为了评估算法改进效果，利用 NCCM 和 CCM 分别处理 Am - Li 源脉冲，如图 7.18 所示。

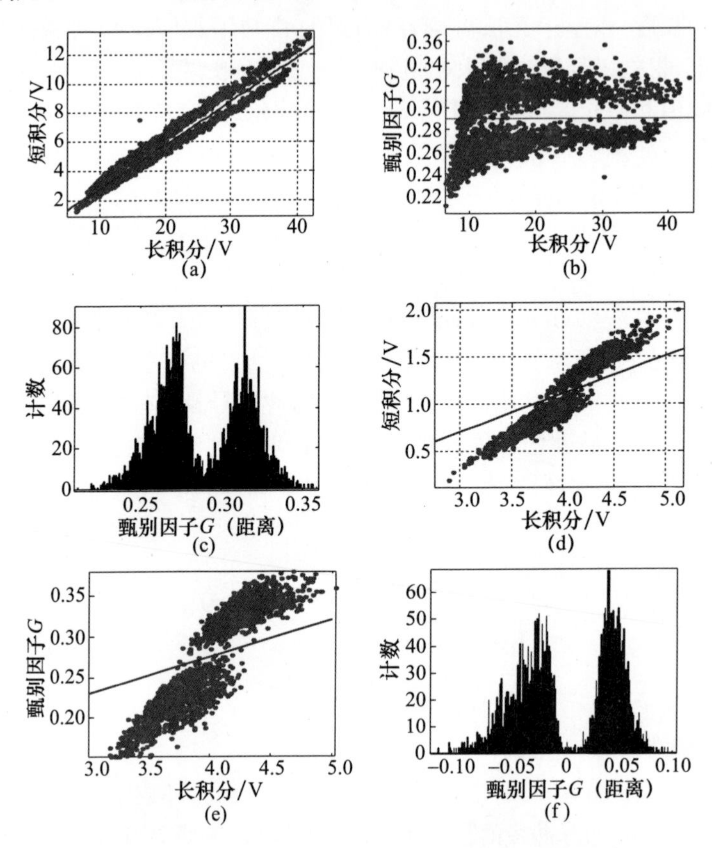

图 7.18 NCCM 与 CCM 的 n - γ 甄别对比图

图 7.18(a)为 CCM 所获快成分面积随总积分面积变化图；图 7.18(b)为 CCM 中甄别因子 G 随总积分面积图；图 7.18(c)为 CCM 获得的 n - γ 甄别图；图 7.18(d)、(e)、(f)分别为与图 7.18(a)、(b)、(c)相对应采用 NCCM 所获谱图。从图 7.18(a)、(b)可以看出，用 CCM 获取散点图横坐标始终重叠，尾部的粘连情况比较严重，无法清晰地给出阈值，尤其当短积分值随长积分值成非线性变化时，将无法给出线性阈值；而从图 7.18(d)、(e)可以看出，对其单位化后则

能将横坐标重叠段所占比例减小,从而减小尾部粘连,能够明确给出 n - γ 甄别阈值。另外,对快慢成分积分的积分上下限不再采用固定道址,而是根据脉冲幅值来决定,从而使算法更具有普遍实用性,最终 NCCM 得到的甄别图 7.18(f)明显好于 CCM 获得的甄别图 7.18(c)。

(2) ANGMA 与 NGMA 对比分析。NGMA 无法根据脉冲自身特点进行调节,当调节参数进行 ^{239}Pu 源脉冲处理后(图 7.19(a)),对脉冲采集频率不同的 Am - Li 源处理时,脉冲峰值与模型脉冲将不能很好地吻合(图 7.19(b)),导致 n - γ 甄别谱图不能很好的进行区分(图 7.19(e)),而 ANGMA 则能根据脉冲自身特点进行自适应调节(图 7.19(c)),从而得到的甄别图(图 7.19(f))效果较好,因此 ANGMA 具有普遍适用能力。

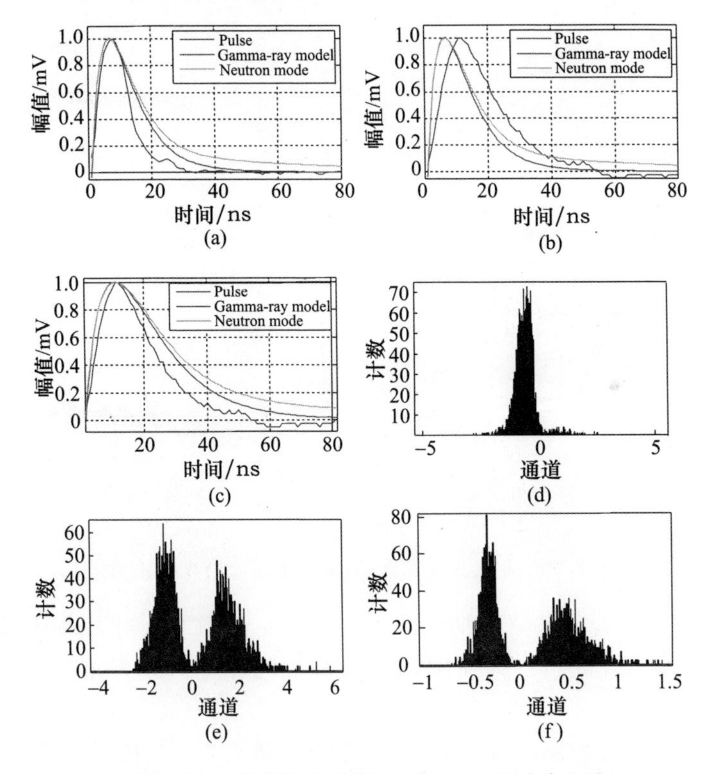

图 7.19 ANGMA 与 NGMA 的 n - γ 甄别对比图

图 7.19 中,图 7.19(a)为处理 ^{239}Pu 源脉冲与 n 和 γ 模型脉冲对比图(两种方法相同效果),图 7.19(d)为图 7.19(a)情况下两种算法 n - γ 甄别图;图 7.19(b)NGMA 算法处理 ^{239}Pu 源较好时处理 Am - Li 源时采集脉冲与 n 和 γ 模型脉冲对比图,图 7.19(e)为图 7.19(b)情况下 n - γ 甄别图;图 7.19(c)ANGMA 算

法处理^{239}Pu源较好时处理 Am－Li 源时采集脉冲与 n 和 γ 模型脉冲对比图，图 7.19(f)为图 7.19(c)情况下 n－γ 甄别图。

(3) ACA 算法与 CA 算法对比分析。利用 ACA 和 CA 处理 Am－Li 源、^{239}Pu源和^{252}Cf源脉冲数据得到散点，如图 7.20 所示。

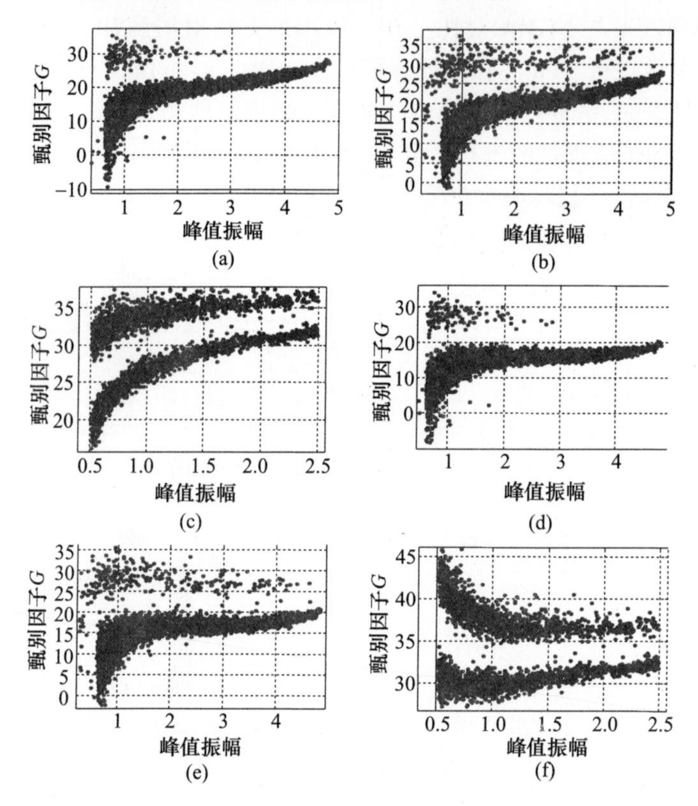

图 7.20　ACA 与 CA 的 n－γ 甄别质心散点对比图

图 7.20(a)、(b)、(c)分别为 CA 处理^{239}Pu源、^{252}Cf源和 Am－Li 源所获散点图；图 7.20(d)、(e)、(f)分别为 ACA 处理^{239}Pu源、^{252}Cf源和 Am－Li 源所获散点图。

对图 7.20 进行统计可得到 n－γ 甄别谱(图 7.21)。从图 7.20(a)、(b)、(c)中可以看出，CA 能够获取较好的甄别散点图，n、γ 能够明显的区分开，但不能给出一维阈值；而将散点图直接进行统计，获取 n－γ 甄别谱图(图 7.21(a)、(b)、(c))将无法有效判别脉冲类型。ACA 与 CA 相比较主要改进在将脉冲甄别因子 G 随脉冲峰值变化减缓，能够给出一维线性甄别阈值，从而获取较好的脉冲个数随甄别因子变化的统计谱图(图 7.21(d)、(e)、(f))。

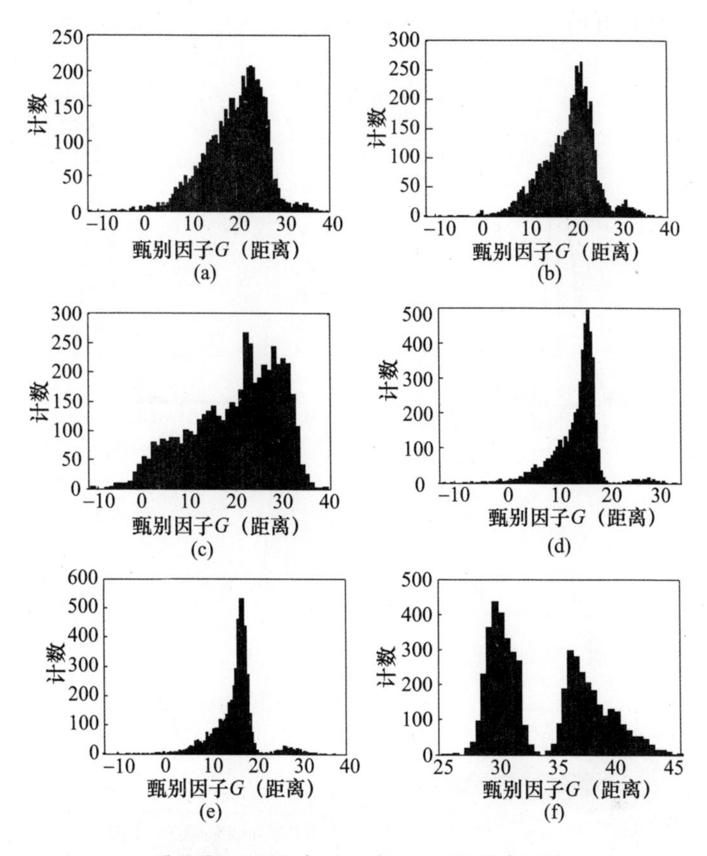

图 7.21 ACA 与 CA 的 n－γ 甄别对比图

图 7.21(a)、(b)、(c)分别为 CA 处理^{239}Pu 源、^{252}Cf 源和 Am－Li 源所获 n－γ甄别图；图 7.21(d)、(e)、(f)分别为 ACA 处理^{239}Pu 源、^{252}Cf 源和 Am－Li 源所获 n－γ 甄别图。

2）参数求取及分析

(1) 参数说明。为量化评价各种算法改进前后性能，在对 n 和 γ 数、FOM 等 n－γ 甄别图传统性能参数求解的基础上，提出了阈值高度、阈值宽度、峰阈比、高斯拟合后甄别评价因子(FOM2)等新的评价参数，并引进了贝叶斯统计学中错误概率参数，以对算法进行全面评估。

为减小随机效应对参数准确度的影响，参数求解之前先用 EMD 降噪对脉冲统计谱进行滤波。求解错误概率和 FOM2 时则利用高斯函数对脉冲统计谱双峰进行拟合。

为更加形象地说明每个参数的含义，利用经过 EMD 降噪或者高斯函数拟合之后参数示意图(图7.22)对部分参数的含义及作用进行解释说明。

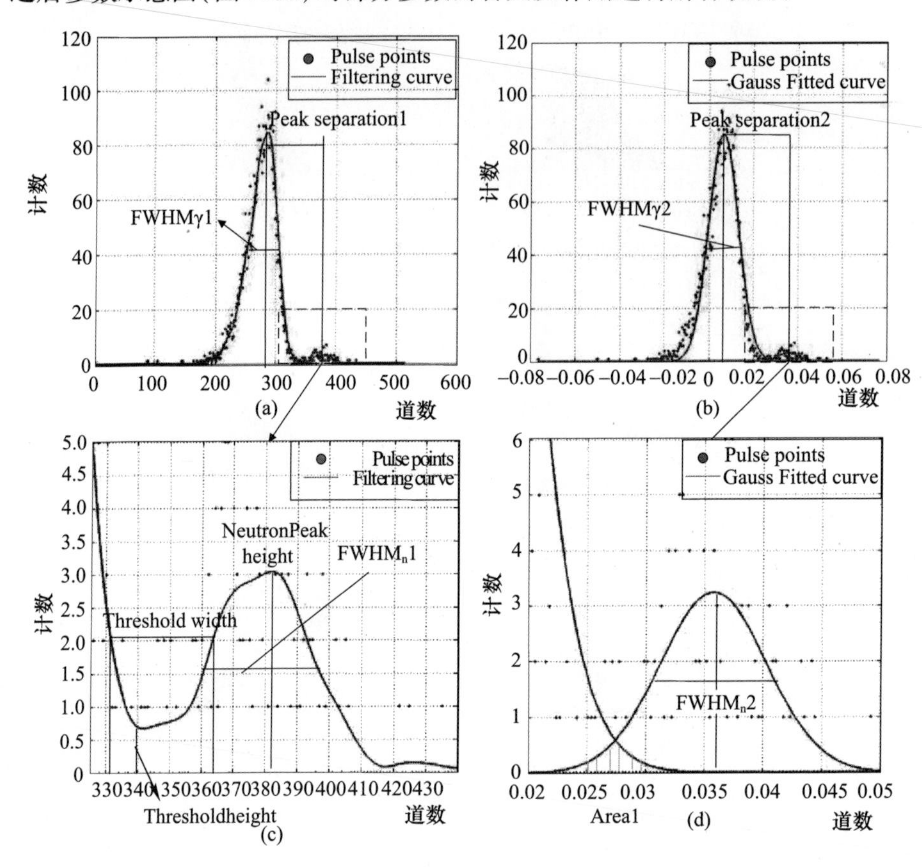

图7.22 n-γ甄别算法性能评价参数说明图

图7.22(a)为EMD降噪后与原始脉冲统计谱对比图;图7.22(c)为图7.22(a)图的局部放大图;图7.22(b)为双高斯函数进行拟合与原始脉冲统计谱对比图;图7.22(d)为图7.22(b)的局部放大图。

部分参数说明如下:

① 阈值(Threshold,Th),判别粒子类型的比较标准,求取阈值的意义在于检验道宽选取及脉冲统计谱起始道与截止道选取是否合理。

② 阈值高度(Threshold height,ThH),阈值处对应的脉冲个数。

③ 峰阈比(Ratio of the Peak to the Threshold height,RPT),脉冲统计谱中n或者γ峰值(取峰值高度较低的)与阈值高度的比值(图7.22(c)):

$$\mathrm{RPT}=\frac{\text{Peak Height}}{\text{Threshold Height}} \tag{7.27}$$

④ 阈值宽度(Threshold Width,ThW),脉冲统计谱中 n 或者 γ 峰值(取峰值高度较低的)与阈值高度之和的一半所对应脉冲统计谱的道数。

⑤ 甄别评价因子 1(Figure - of - Merit 1,FOM1),取 EMD 降噪后的脉冲统计谱峰距离 Peak separation1 与 n、γ 峰位半高宽之和的比值。

$$\mathrm{FOM1} = \frac{\text{Peak Separation1}}{\mathrm{FWHM1}_{\gamma} + \mathrm{FWHM1}_{n}} \tag{7.28}$$

⑥ 错误概率(Error Probability,EP),贝叶斯决策理论中最小风险判别指标,利用式(7.28)可以求得。

$$\mathrm{EP} = \frac{\mathrm{Are1}}{\mathrm{Are}_{n} + \mathrm{Are}_{\gamma}} \tag{7.29}$$

⑦ 甄别评价因子 2(Figure - Of - Merit 2,FOM2),取两个高斯函数拟合后的脉冲统计谱峰距离 Peak separation2 与 n、γ 峰位半高宽之和的比值:

$$\mathrm{FOM2} = \frac{\text{Peak Separation2}}{\mathrm{FWHM2}_{\gamma} + \mathrm{FWHM2}_{n}} \tag{7.30}$$

⑧ 计算时间(Calculating Time,CT),用 MATLAB 软件计算 5000 个脉冲所用时间,用于算法用时的估算。

(2) 参数求解与分析。利用改进前后 6 种时域 n - γ 甄别算法对评价参数进行求解可以得到表 7.3。

整体而言,忽略噪声、随机效应等因素的影响,阈值分布表明道宽选取合理,n 和 γ 数相差不大,证明算法改进是合理的。

NCCM 与 CCM 比较分析:从表 7.3 对 ^{239}Pu 源脉冲数据处理中可以看出,NCCM 获取的 FOM1 比 CCM 提高 14.95%、FOM2 提高 8.67%、RPT 提高 124.43%、EP 降低了 29.41%;对 Am - Li 源脉冲数据处理中可以看出,NCCM 获取的 FOM1 比 CCM 提高 5.47%、FOM2 提高 11.57%、RPT 提高 581.29%、EP 降低了 18.84%;对 ^{252}Cf 源脉冲数据处理中可以看出,NCCM 获取的 FOM1 比 CCM 提高 9.32%、RPT 提高 143.29%。但是 ^{252}Cf 源处理数据中 NCCM 获取的 FOM2 和 EP 没有 CCM 的好,原因可能是在参数求取过程中虽然进行了降噪处理,但一些毛刺对参数依旧有影响;NCCM 的计算时间 CT 是 CCM 的 4 倍左右,意味着 NCCM 应用于数字化 n - γ 实时甄别时需要更多的硬件资源。

ANGMA 与 NGMA 比较分析:Am - Li 脉冲采集频率与 ^{239}Pu 源采集频率不同,而 ^{252}Cf 源采集频率与 Pu - Li 源相同,本书仅对采集频率不同的 Am - Li 源与 ^{239}Pu 源进行参数求取与比较。从表 7.3 可以看出,在对 ^{239}Pu 源脉冲数据处理条件较好且不再做参数调节的情况下,对 Am - Li 源脉冲处理中 ANGMA 获取的

表 7.3　三种时域 n－γ 甄别算法改进前后获取甄别图性能参数

源	方法	道址	中子计数	γ计数	阈值	阈值高度	峰阈比	阈值宽度	甄别评价因子 1	错误概率	甄别评价因子 2	计算时间/s
^{252}Cf	CCM	1/512	251	4749	281	2.8	2.571	17.33	0.9836	0.0024	1.067	0.151295
	NCCM	1/512	254	4746	271	0.84	6.255	37.65	1.0753	0.0076	1.022	0.572277
	CA	1/512	203	4792	307	4.35	2.040	11.76	0.7915	0.0193	0.7937	0.031432
	ACA	1/512	251	4749	276	1.062	8.125	23.72	1.2195	0.0008	1.1933	0.034128
^{239}Pu	CCM	1/512	118	4882	329	1.27	2.960	11.13	1.0377	0.0017	1.028	0.150697
	NCCM	1/512	126	4874	346	0.513	6.643	32.82	1.1829	0.0012	1.117	0.570058
	ACA	1/512	127	4873	272	0.212	20.604	24.73	1.3636	0.0004	1.2216	0.033378
Am－Li	CCM	1/1024	2250	2750	202	19.99	5.147	26.01	0.9692	0.0138	0.9405	0.150298
	NCCM	1/1024	2385	2615	221	1.601	35.066	40.96	1.0222	0.0112	1.0543	0.573976
	NGMA	1/1024	2395	2605	0	1.55	22.068	67.40	1.0088	0.0095	1.0283	0.561311
	ANGMA	1/1024	2408	2592	0	0.034	846.967	88.06	1.3077	0.0054	1.2329	0.782988
	ACA	1/1024	2398	2602	253	0.621	92.409	35.47	1.4968	0.0089	1.3030	0.032521

FOM1 比 NGMA 提高 29.63%、FOM2 提高 19.9%、RPT 提高 3745.45%、EP 降低了 43.15%，表明 NGMA 处理^{239}Pu 时调整好的参数不能很好地用于处理采集频率不同的 Am－Li 脉冲数据，而 ANGMA 则不存在参数调整问题，因而 ANGMA 具有普遍使用能力；ANGMA 的平均计算时间比 NGMA 增加了 30% 左右。

ACA 与 CA 比较分析：因 CA 处理^{239}Pu 与 Am－Li 所获统计谱图无法明确地给出阈值，因此表中未给出相关参数。从表 7.3 可以看出，ACA 所获统计谱图各项参数能够很好地将 n、γ 进行甄别，尤其 ACA 对^{239}Pu 源处理完全将 n 与 γ 分成两堆，效果理想，同时 ACA 的计算时间仅仅比 CA 增加了 6%。ACA 与 CCM 等其他 5 种算法比较得知，ACA 在甄别性能上是最好的，计算时间上是用时最少的，因此 ACA 是数字化 n－γ 实时化甄别系统的最佳选择。

3）研究结论

对 CCM 改进的主要工作是将脉冲向量单位化和根据脉冲幅值来设定截止道，对脉冲向量进行单位化的主要意义在于使两种粒子脉冲长时间积分值缩小，使横坐标重叠段所占比例减小（图 7.18（a）与图 7.18（d）对比可知）从而减小了电荷比较的尾部粘连（图 7.18（b）与图 7.18（f）对比可知）。脉冲不再选用固定点位而是根据幅值选定截止道址，从而消除脉冲强度不同对识别因子 G 的影响。对 NGMA 改进的意义在于使模型分析算法具有普遍适应能力，不因采集频率、采集长度、触发采集模式、触发值前采集点位数等条件的不同而改变算法性能。对 CA 改进的意义就在于将阈值一维线性化，便于确定阈值进行识别。

综合甄别质量和计算时间等因素，ACA 是数字化 n－γ 实时甄别的最佳算法选择。

5. 频域 n－γ 甄别算法研究

在考察雷达、水声等信号频域特征提取算法的基础上，将频谱滚降、频谱通量、频域离散度等应用到频域 n－γ 甄别，实验发现零频率幅值甄别和频谱通量均能够取得较好的甄别效果。

1）算法原理

（1）零频率幅值（Zero Frequency Amplitude，ZFA）算法。对 n、γ 脉冲信号进行频域降噪和电子相互作用力时间后移之后，能够得到如图 7.23 所示的频域脉冲分布图，从图中可以明显看出频率为 0 时两种类型脉冲有着明显的界限，利用下式提取零频率出的脉冲幅值：

$$F = \sqrt{a^2 + b^2} \tag{7.31}$$

式中：a 为傅里叶变换之后频率为 0 处幅值的实部；b 为傅里叶变换之后频率为 0 处幅值的虚部。

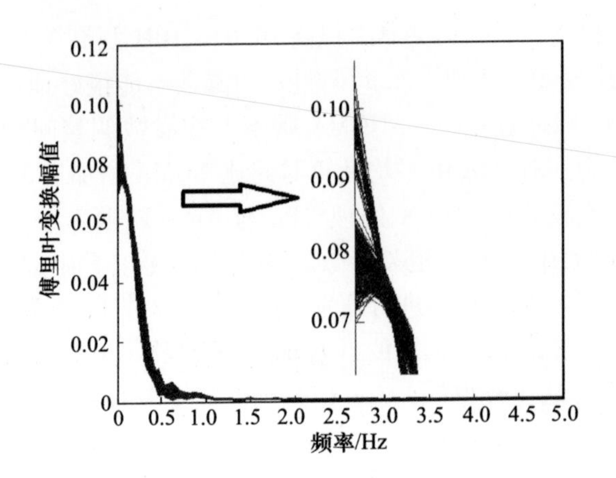

图 7.23 n－γ 混合信号零频率幅值分布图

由于中子在与闪烁体作用时低频分量较多，从而 F 较大的部分为 n 信号。为此只取频率为 0 的幅值进行甄别，并称该种算法为 0 频率幅值甄别算法。

(2) 频域质心提取算法。根据式(7.32)计算脉冲经傅里叶变换之后在频域的质心，因为在频域中 n、γ 两种类型脉冲波形的不同特征主要集中在频率较低处，因此在求解质心时仅求解开始端前几点。

$$\text{Center}(x) = \frac{\sum_{n=T_m}^{n=T_s} n \cdot P(n)}{\sum_{n=T_m}^{n=T_s} P(n)} \tag{7.32}$$

式中：T_m 为起始点，取 0；T_s 为截止点，取 5；P 为频域幅值，形式为 $P = a + \mathrm{i}b$；Center 为所求质心。

(3) 频域离散度分析。当计算质心之后，可以采用类似方法计算频域信号的离散度，计算公式为

$$\text{Spread}(x) = \frac{\sum_{n=T_m}^{n=T_s} (n-\mu)^2 \cdot P(n)}{\sum_{n=T_m}^{n=T_s} P(n)} \tag{7.33}$$

式中：Spread 为所求取的离散度；n 为点位；μ 为所求质心 Center；P 为脉冲傅里叶变化到频域之后的波形；T_m 为起始点，取 0；T_s 为截止点，取 5。

(4) 频域平滑度(Flatness)分析。平滑度是用来衡量信号的突变程度，可间接的表示波形的下降速率，因为两类信号在频域中的下降速率不同，因此可以用

平滑度作为甄别标准,计算公式为

$$\text{Flatness} = \frac{\exp\left[\frac{1}{|X|}\sum_{f=f_{\min}}^{f_{\max}} \ln X(f)\right]}{\frac{1}{|X|}\sum_{f=f_{\min}}^{f_{\max}} X(f)} \tag{7.34}$$

式中:Flatness 为平滑度;X 为频域信号;$f_{\max}$ 为介质频率,取 0;$f_{\min}$ 为起始频率,取 5。

(5) 频谱通量(Spectral Fulx,SF)分析。频谱通量是用来描述某一段频谱能量变化的物理量,能够用来表示能量突变程度,计算公式为

$$\text{Fulx}_i = \sum_{f=f_{\min}}^{f_{\max}} [(X_{i,f} - X_{i-1,f})^2] \tag{7.35}$$

式中:Fulx_i 为 i 频段频谱能量突变程度;X_{ij} 为 i 段频谱中 j 点的频域波形。

(6) 频谱滚降(Spectral Roll Off,SRO)分析。频谱滚降是频谱"亮度"的简单衡量算法,原理是寻找占据频谱 85% 能量的频率上限值,对于核脉冲数据而言,因为能量主要集中在低频区,因此在求解之前需要对低频区域进行差值处理(图 7.24),计算公式为

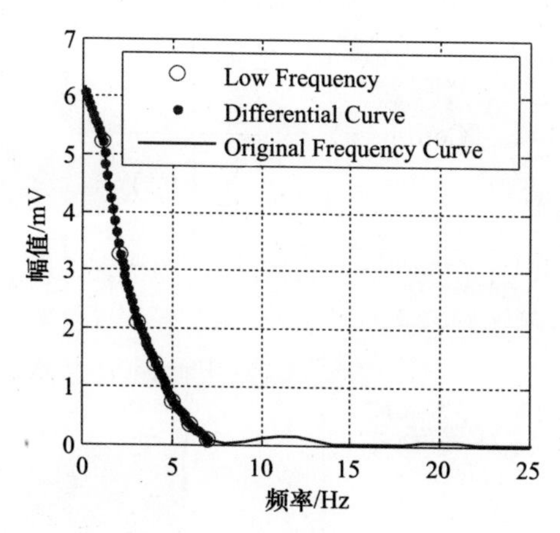

图 7.24 频降滚度算法示意图

$$0.85E(x) = \sum_{f=f_{\min}}^{\text{Roll-off}} E(x(f)) \tag{7.36}$$

式中:$E(x)$ 为频谱总能量;$x(f)$ 为频谱;Roll - off 为频率上限所求值。

2) 实验与结果分析

(1) 实验数据说明。实验过程中所用数据为 NI5772 高速数据采集卡采集,

BC501A 液体闪烁体探测器探测。在进行散点图求取分析时(图 7.25),仅对 Am - Li 中子源脉冲进行分析,而在参数求取及分析时,则分别对 Am - Li 中子源、^{252}Cf 以及^{239}Pu 源三种源数据同时求解,可得到表 7.4。

(2) 六种算法甄别散点图求取分析。从图 7.25(a)中可以看出,零频率幅值算法能够将两类脉冲完全的区分开,效果较好;图 7.25(b)中的坐标横轴为傅里叶变换之后两个频率对应幅值的实部,而纵轴则为虚部,从图中可以看出能够分为两类,但是效果不好;图 7.25(c)和图 7.25(b)类似,效果同样不好;图 7.25(d)为平滑度,从图中可以看出两类能够明显分开,但是阈值无法有效给出;图 7.25(e)同样能够很好地分为两个类型,阈值也可以给出;图 7.25(f)则无法分辨。

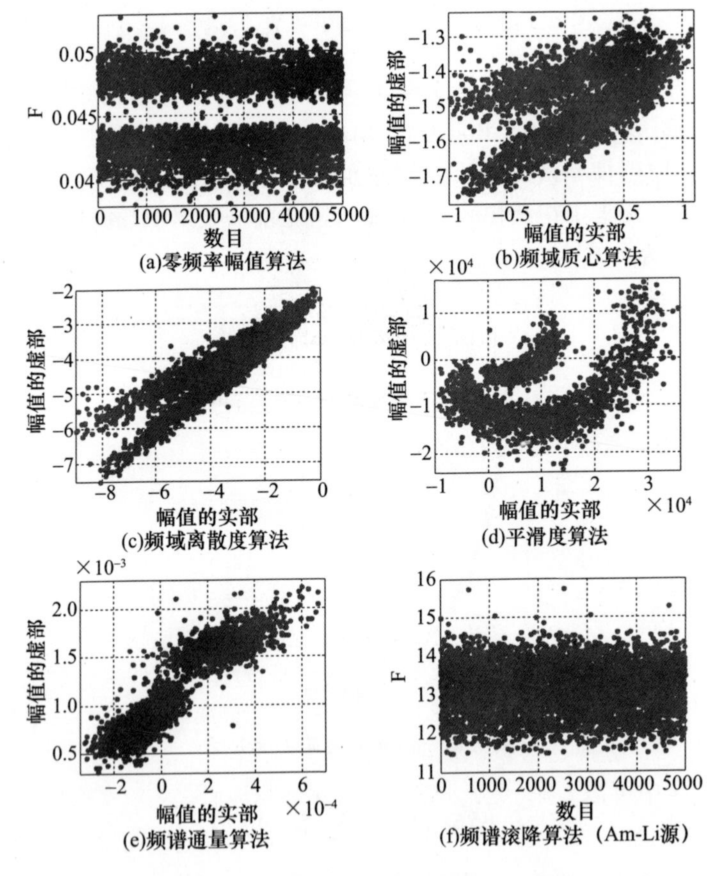

图 7.25 6 种频域算法获取特征值分布图

(3) 参数求取与分析。从以上分析可以看出,可以进行求解参数的仅有零频率幅值算法和频谱通量算法，现对这两种算法和 SGA 算法求甄别统计图（图 7.26）以及甄别统计图参数（表 7.4）。

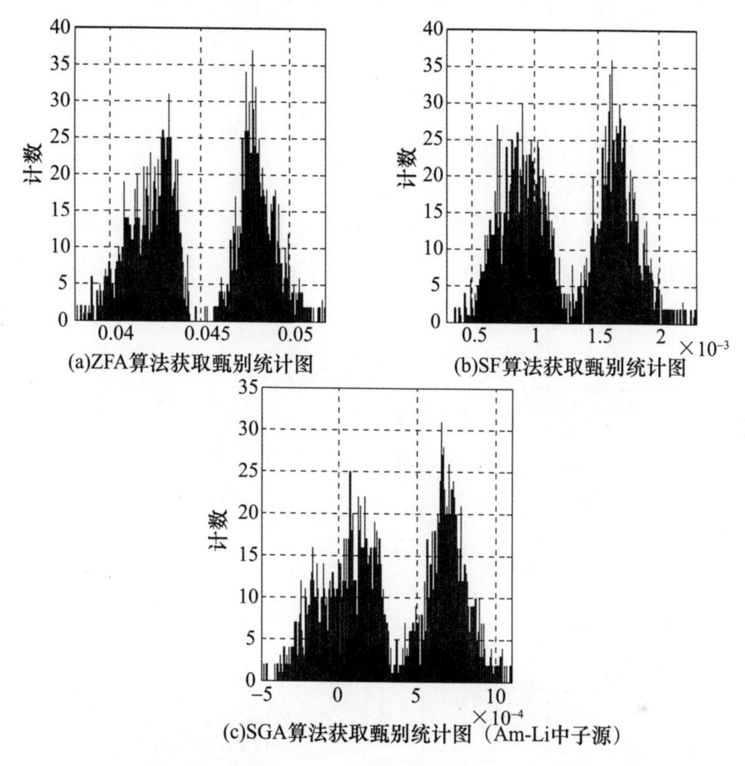

图 7.26 ZFA、SF 及 SGA 三种频域算法 n－γ 甄别对比图

从图 7.26 中可以看出：零频率幅值算法能够完全将两类脉冲区分开，中间几乎没有粘连，甄别效果最好；频谱通量算法获取的甄别统计图中间有粘连，但是两个甄别峰的形状较好；功率谱梯度算法能够将脉冲分开，但是形状不如频谱通量算法，左侧峰拖尾较为严重，中间有粘连，但是粘连程度要小于频谱通量算法。总的来讲，零频率幅值能够取得最好的甄别效果。

为了量化比较 ZFA、SF 和 SGA 三种算法的优劣性，现对 Am－Li 中子源、^{252}Cf 源和^{239}Pu 源粒子脉冲数据进行甄别，并分别求取甄别性能参数，得到表 7.4。

从表 7.4 中可以看出：无论对于何种源，零频率幅值 n－γ 甄别算法是最好的，求取的甄别统计的性能参数均能达到最优。从宏观上讲，频谱通量 n－γ 甄别算法和脉冲梯度 n－γ 甄别算法求取甄别统计图的性能参数各有优劣，因此算法性能持平。总的来说零频率幅值 n－γ 甄别算法能够适用于各种中子源的甄别，是较为理想的甄别算法。

表 7.4　ZFA、SF 及 SGA 三种频域 n－γ 甄别算法所获甄别谱性能参数

源	方法	道址	中子计数	γ计数	阈值	阈值高度	峰阈比	阈值宽度	甄别评价因子1	错误概率	甄别评价因子2
^{252}Cf	ZFA	1/1024	252	4748	398	0.448	8.34	55.26	1.850	0.0006	1.6998
	SF	1/1024	251	4749	139	0.460	7.500	32.27	1.0729	0.0013	1.0671
	SGA	1/1024	250	4750	265	0.431	6.500	44.19	1.1709	0.0193	1.2050
^{239}Pu	ZFA	1/1024	126	4874	800	0	Inf	131.19	2.5932	0.0003	2.2973
	SF	1/1024	120	4880	400	0	Inf	107.05	2.1025	0.0012	2.1046
	SGA	1/1024	124	4876	720	0	Inf	113.13	1.7931	0.0004	1.9813
Am－Li	ZFA	1/1024	2397	2603	409	0	Inf	188.5	1.6402	0.0038	1.6317
	SF	1/1024	2397	2603	310	1.15	16.75	104.56	1.0541	0.0111	0.9751
	SGA	1/1024	2388	2612	448	0.319	66.25	139.16	0.8996	0.0211	0.8993

第二节　信息融合技术在核素快速识别中的应用

随着科学技术的发展,人们获得信息的能力也有了极大的提高,所获得的信息表现出形式的多样性、数量的巨大性、信息之间关系的复杂性。如何实时地对来自不同知识源和多个传感器采集的信息或数据进行综合处理,并做出全面、高效、合理的判断、估计和决策,这一问题的解决已经大大地超出了人脑的综合处理能力。为此,信息融合技术应运而生。

为了更好地阐述信息融合这一概念,可以把传感器获得的信息分成三类:冗余信息、互补信息和协同信息。冗余信息是由多个独立传感器提供的关于环境信息中同一特征的多个信息,也可以是某一传感器在一段时间内多次测量得到的信息;在一个多传感器系统中,若每个传感器提供的环境特征都是彼此独立的,即感知的是环境各个不同侧面的信息,则这些信息称为互补信息;在一个多传感器系统中,若一个传感器信息的获得必须依赖另一个传感器的信息,或一个传感器必须与另一个传感器配合工作才能获得所需要的信息时,则这两个传感器提供的信息称为协同信息。

多传感器信息融合,又称多传感器数据融合,指的是对不同知识源和多个传感器所获得的信息进行综合处理,消除多传感器信息之间可能存在的冗余和矛盾,利用信息互补,降低不确定性,以形成对系统环境相对完整一致的理解,从而提高智能系统决策、规划的科学性,以及反应的快速性和正确性,进而降低决策风险的过程。图 7.27 是多传感器信息融合的示意图,传感器之间的冗余信息增强了系统的可靠性,多传感器之间的互补信息扩展了单个传感器的性能。信息融合的目标是基于各传感器分离观测信息,通过对信息的优化组合导出更多的有效信息。最终目的是利用多个传感器共同或联合操作的优势,来提高整个传感器系统的有效性。

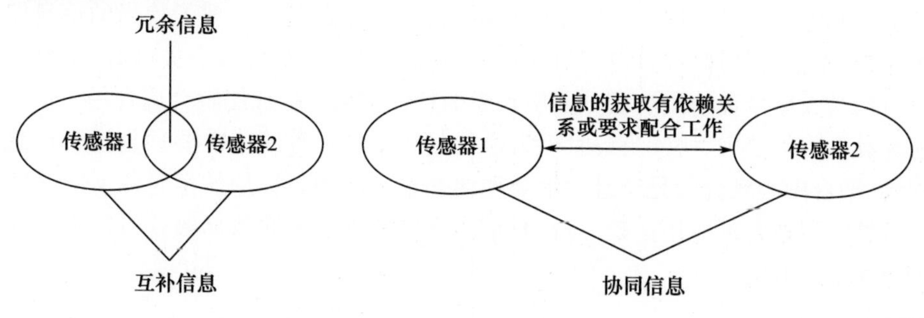

图 7.27　多传感器信息融合示意图

一、信息融合的层次

数据融合根据融合时数据所表征的信息层次可以分为三类:像素层融合、特征层融合、决策层融合。这三种分类基本可以涵盖所有的融合类型,但并不是意味着在每个融合系统中都要包含这三个信息层次上的融合,这只是融合的一种分级方法。分级不仅涉及方法本身,而且影响到整个信息系统的体系结构和融合的效果,是数据融合研究的重要问题之一。

1. 像素层融合

像素层融合是指直接在采集到的原始多源信息上进行的融合。这种融合是在各种传感器的原始观测数据未经预处理之前就进行的数据综合分析,是最低层次的融合。

像素层融合的优点是它尽可能多地保存了初始现场数据,可以提供其他信息层次融合所不能提供的细微信息。而它的局限性主要在于:所要保存和处理的数据量太大,处理的代价高、时间长、实时性差;像素层融合是在信息的最低层进行的,由于传感器原始信息的不确定性、不完全性和不稳定性,就要求在融合过程中有较高的纠错能力;数据通信量比较大,抗干扰性较差;各传感器之间具有的精确度要达到一个像素的校准精度,因此要求各传感器信息必须来自同质传感器。

像素层融合通常用于:多源图像复合、图像分析和理解、同类雷达波形的直接合成;多传感器数据融合的卡尔曼滤波等。美国海军 20 世纪 90 年代初在 SSN-691 潜艇上安装了第一套图像合成机,它可使操作员在最佳位置上直接观察到各传感器输出的全部图像、图表和数据,同时又可提高整个系统的战术性能。

2. 特征层融合

特征层融合是指对原始的多源信息进行特征提取,然后对这些特征信息进行分析和处理。特征层融合属于中间层融合,其优点在于实现了相当的信息压缩,有利于实时处理,并且由于所提取的特征直接与决策分析有关,因此融合结果可以最大限度地给出决策分析所需要的特征信息。特征层融合适合用于信息源无独立决策能力,协同决策时因为原始信息量过大等原因需要预先进行信息提纯,融合中心融合的是经过加工处理的基本有序的目标原始信息的有意义特征。特征层融合的应用比较广泛,目前大多数 C^3I 系统的数据融合研究都是在该层次上展开的。

3. 决策层融合

决策层融合在融合层次上属于高层次融合,其结果为检测、控制、指挥、决策提供依据，它要求对原始信息进行大量的预处理得到各自的判定结果，并对这些决策结果进行融合，因此适用于信息源具有独立决策能力的情况。对于多模型融合系统，由于各个模型都可以独立的对工业系统进行状态监测与故障预报，给出各自的判定结果，所以使用决策层融合就比较适合。

决策层融合的主要优点有：融合中心处理代价低，具有很高的灵活性；通信量小，抗干扰能力强；当一个或少量传感器出现故障时，通过适当的融合，系统仍然可以获得正确的结果，也就是具有容错性；对传感器的依赖性小，传感器可以是同质的，也可以是异质的。

综上所述，这三种层次的融合各有优缺点，各有自己比较适合的应用领域。像素层融合保留了最完整的信息，但所用的数据量过大，给融合带来的压力也最大；决策层融合所需的信息量最小，融合中心处理的代价最低，容错性能最好，但要求每个信息源都具有独立决策能力，预处理的代价大；而特征层融合介于上述两种融合之间，适当的特征提取可以在保留关键信息的同时，过滤掉次要信息，降低了融合的复杂度，是三种融合中最灵活的，可供选择的融合算法也比较多，是目前应用最为广泛的。

二、核辐射脉冲信号的特征选择与提取

在核辐射数字测量系统中应用信息融合技术，对来自传感器的多重信息进行处理可以得到反映核素识别的特征量，这些特征量中有些是冗余的，会对后继处理带来很大的计算量，进而影响诊断速度和效率。在多传感器信息融合过程中，为减小计算量，应减少特征数目，方法有两个：一是特征选择；二是特征提取。

1. 特征选择

最简单的核辐射脉冲特征选择方法可以根据专家的知识和经验来确定。能谱分析是核素识别中最常用的判别方法，但其需要达到一定的统计量（全能峰下计数要大于1万），这使得放射性核素的识别非常费时。

在进行核素的快速识别中，选定核素的特征能量及其特征能量射线的增长率为所需的特征信息。

2. 特征提取

先对三种实验所用核素进行常态的能谱分析，比对三种核素不同的特征能量及各自特征能量射线所在的百分率，如图7.28～图7.30所示。

将三种核素的谱图显示在一个图中，观察其不同的特征射线（图7.31）。

三种核素识别中所用的特征能量分别为0.662MeV（Cs）、0.779MeV（Eu）、0.964MeV（Eu）、1.112MeV（Eu）、1.173MeV（Co）、1.333MeV（Co）、1.408MeV（Eu）。

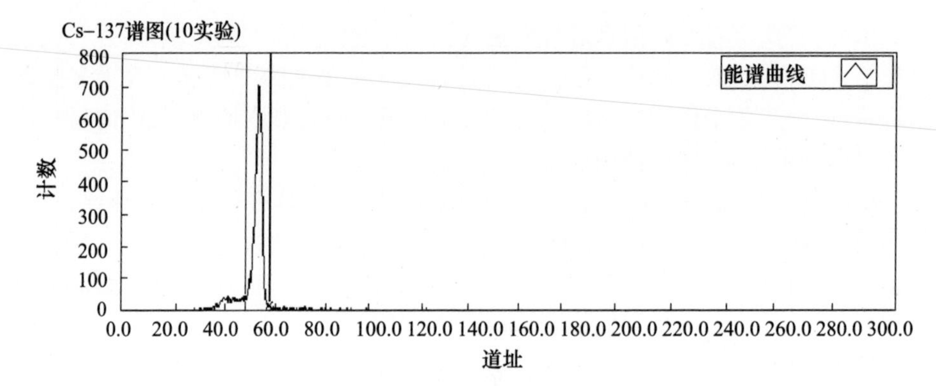

图 7.28 ^{137}Cs 能量谱图

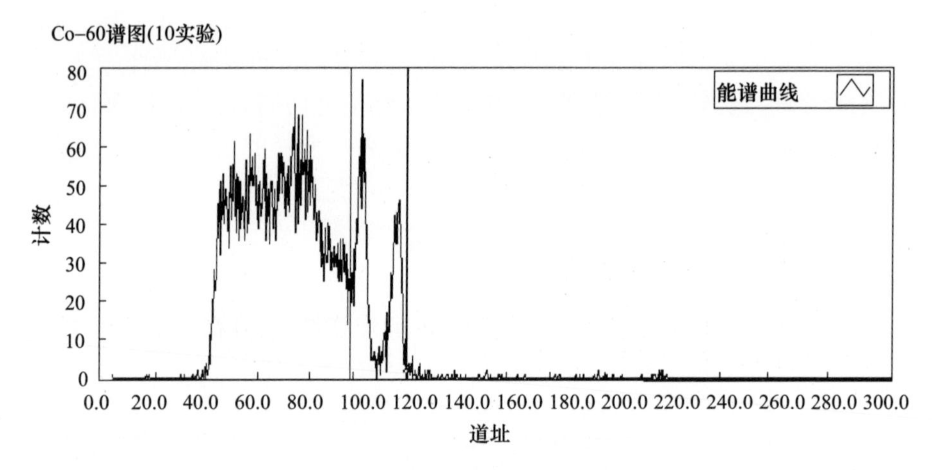

图 7.29 ^{60}Co 能量谱图

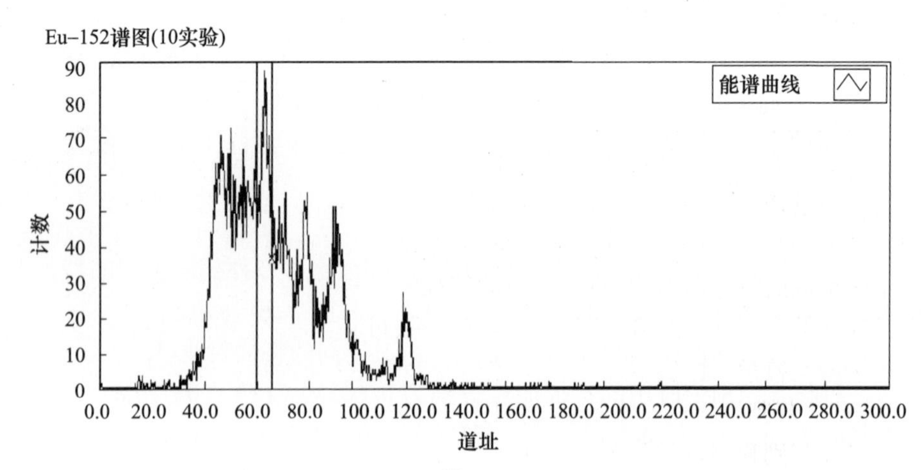

图 7.30 ^{152}Eu 能量谱图

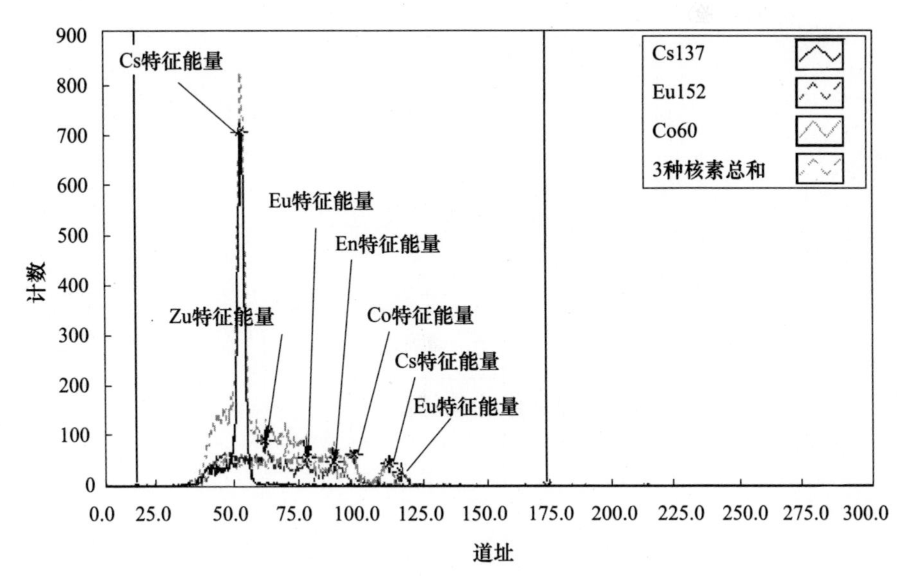

图 7.31　三种核素特征比较谱图

三、信息融合算法及实验验证

在用三种核素的标准源进行测量所得的标准能谱中，其在 7 个特征能量区内的计数如表 7.5 所列。

表 7.5　三种核素在所选特征能量区计数

能峰	0.662MeV	0.779MeV	0.964MeV	1.112MeV	1.173MeV	1.333MeV	1.408MeV
Cs	7750.5	67.5	48	38.5	23	16.5	16
Co	1461	849.5	1311.5	1235.5	1027.5	705.5	43
Eu	1608	1146.5	941.5	1085.5	450	134	296

从表 7.5 的数据相比较可以看出，Eu 在 1.408MeV 处的特征射线较 Cs、Co 在同等测量条件下相差较大，将其剥离后 Co 在 1.173MeV 和 1.333MeV 处与 Cs 明显区分，而 Cs 可根据其在 0.662MeV 的特征射线比例判别。在由此 7 个特征能量区组成的特征向量中，每类核素的特征峰处计数必须达到一定比例才能判别其存在的合理性。在判别某一核素存在后，可将其相差数据按比例剥离后判别其余两类核素。因实验所用的核素较少，可用相对简单的逐次差引法（剥谱法）实现。其判别程序流程示意图如图 7.32 所示。

具体判别程序框图如图 7.33 所示。

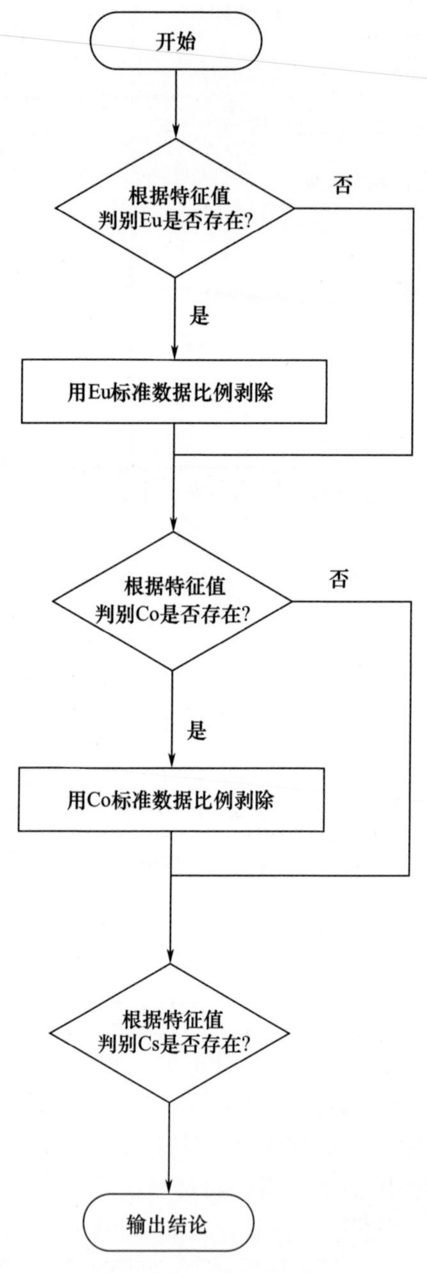

图 7.32　元素判别流程图

实验验证结果表明(图 7.34 ~ 图 7.39),设定采样数量为 500 时,仅从谱图来看,很难判别核素的种类,而用数据融合算法可比较准确的识别,单核素识别

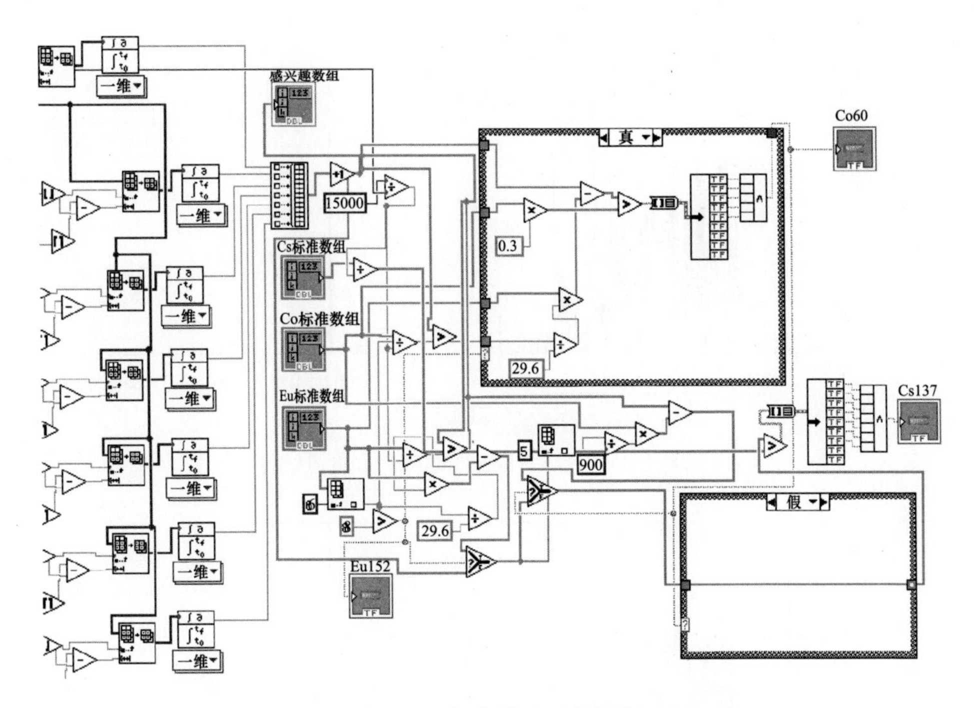

图 7.33　核素判别程序框图

率为 99%，双核素识别率为 82%。三核素识别率因采样数量过少容易混乱。采样数量定为 1000 时，双核素识别率增加为 95%，三核素识别率为 74%。采样数量定为 2000 时，三核素识别率为 93%。判别面板示意图如图 7.40 所示。此时从传统谱仪系统测量来说，还不能达到有效特征峰所要求的统计下限值。

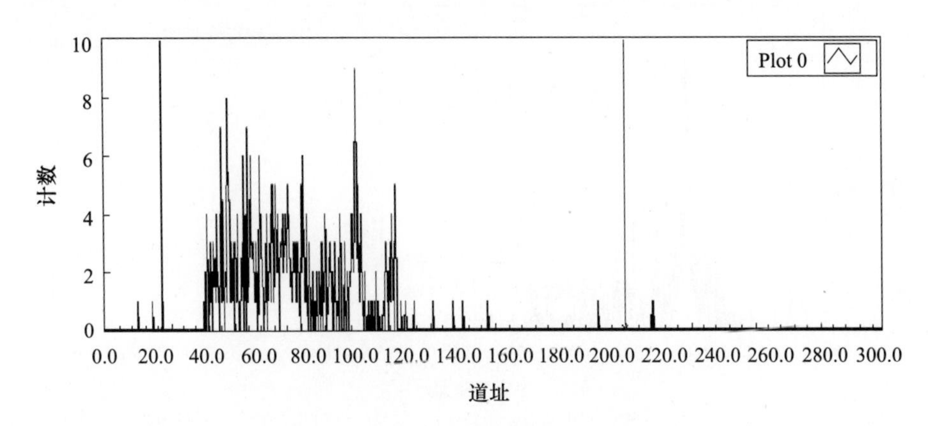

图 7.34　采样数量为 500 时 Co 谱图

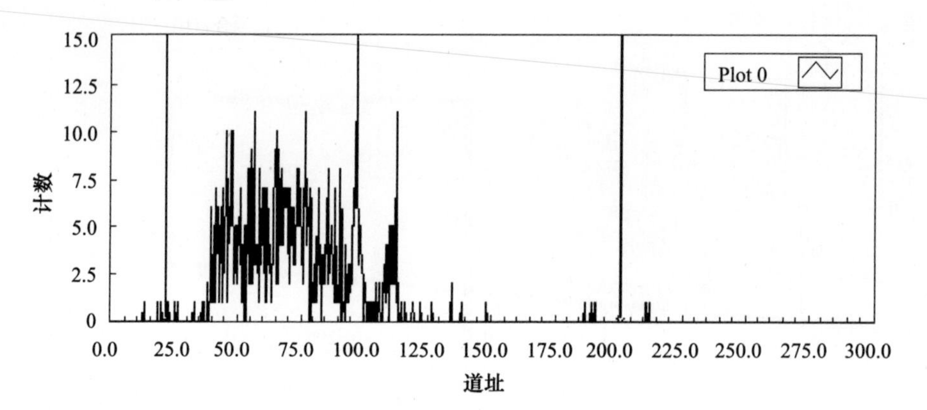

图 7.35　采样数量为 1000 时 Co 谱图

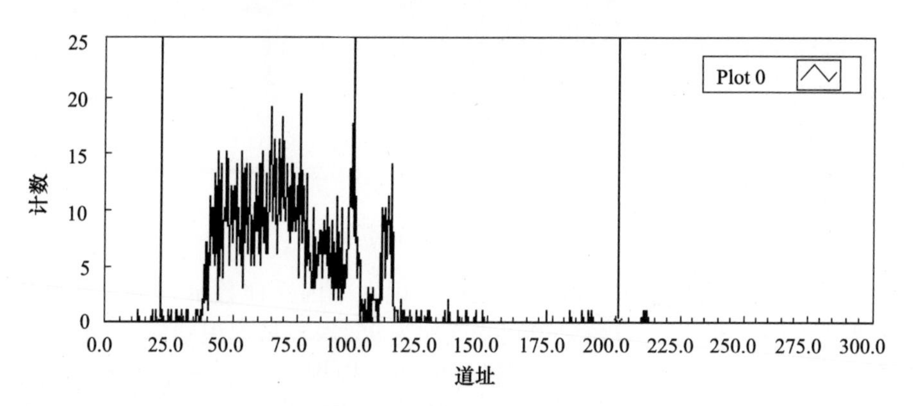

图 7.36　采样数量为 2000 时 Co 谱图

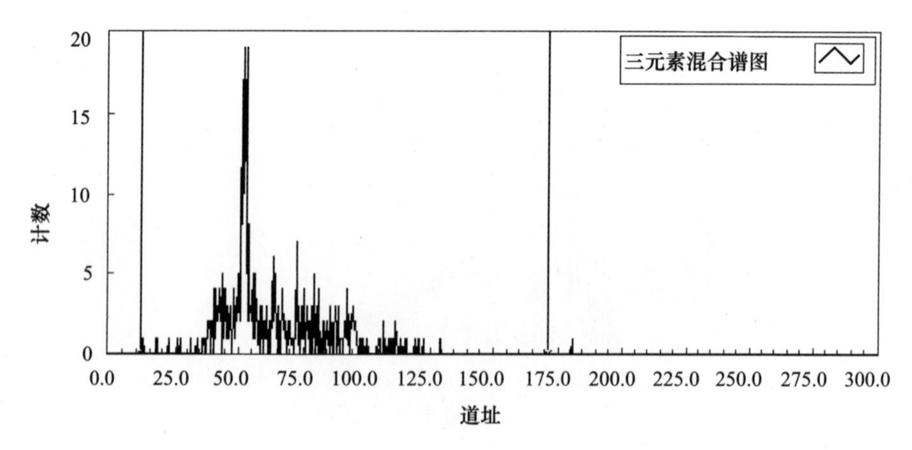

图 7.37　采样数量为 500 时的三元素混合谱图

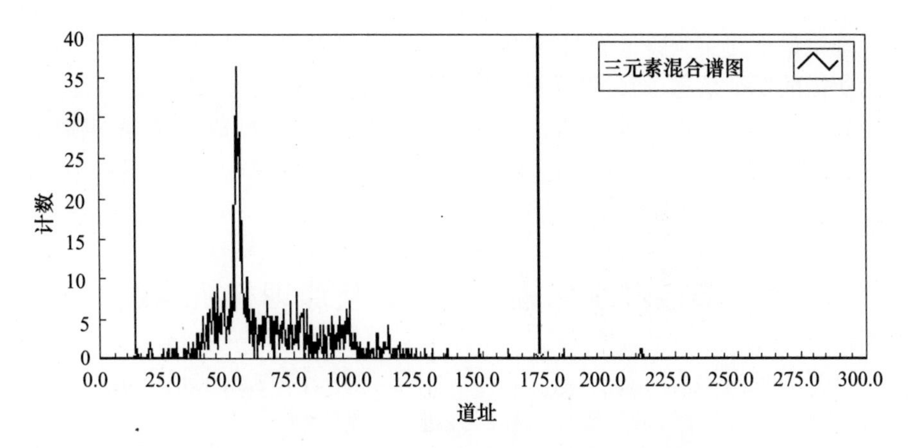

图 7.38　采样数量为 1000 时的三元素混合谱图

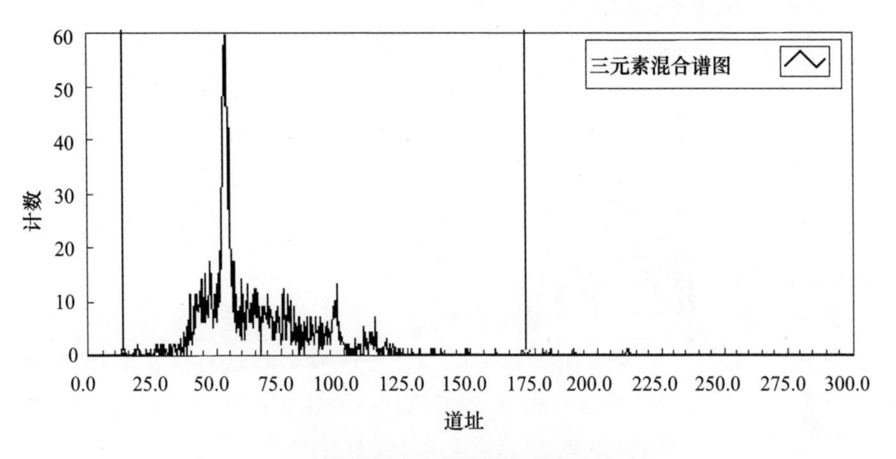

图 7.39　采样数量为 2000 时的三元素混合谱图

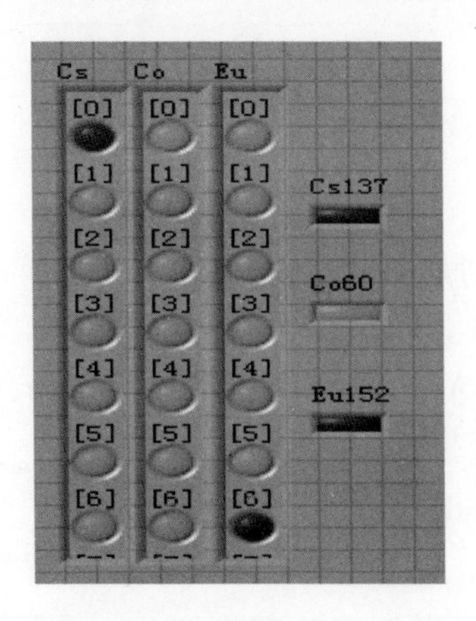

图 7.40　判别面板示意图

理论论证与实验验证表明,选定核素的特征能量及其特征能量射线的增长率为所需的特征信息,通过融合算法将融合识别应用于核辐射脉冲信号测量,能够准确地完成核素的快速识别。例如,采样数量定为2000时,单核素识别率为99%,三核素识别率为93%。此时从传统谱仪系统测量来说,峰面积100左右,统计误差就有90%,明显融合识别方法优于传统方法。

第三节　数字化辐射测量分析原理样机构建

在前期研究的基础之上,对γ、中子等多种探测器数字化前提下进行系统集成,构建数字化辐射测量分析原理样机并进行实验验证。

一、原理样机系统核心算法

考虑国内现阶段FPGA硬件发展水平以及在1.6GHz高速采样率处理数据的现实问题,可实现数字化算法应具备的基本条件为:尽量只做加、减、乘法运算,而避免除法运算,因为在如此高的采样率的条件下用FPGA硬件语言实现除法运算所需时间是整个系统负担不起的。综合考虑算法复杂度、算法可靠性和算法的普适性等因素,经过比较时域、频域中的各种算法,决定选用可调节质心算法(ACM)用于系统的开发。

传统质心算法是对信号波形或者曲线的"质量中心"进行求解,在统计学中表示"平均"的概念,主要应用于数字信号处理领域。通过实验发现,质心算法对核脉冲信号具有较好的适应能力,因此将质心算法引入核脉冲信号处理中,利用其进行运算。

$$\text{Centroid} = \frac{\sum_{n=T_m}^{T_s} n \cdot \text{Pulse}(n)}{\sum_{n=T_m}^{T_s} \text{Pulse}(n)} \tag{7.37}$$

为了消除脉冲峰值对质心的影响,对传统质心算法进行改进,将所求质心Centroid加上微调项walk作为脉冲类型的甄别标准G。我们称这种质心可调节算法为可调节质心算法(Adjustable Centroid Algorithm,ACA)。

$$G = \text{Centroid} + \begin{cases} [\text{walk}/y_m]^2 & 0 \leqslant \text{walk} \leqslant y_m \\ \text{walk} \times y_m & -y_m \leqslant \text{walk} \leqslant 0 \end{cases} \tag{7.38}$$

式中:y_m为脉冲峰值,为降低算法复杂度,y_m取脉冲最大值;walk为调节因子。

二、原理样机总线

现在市面最常用的系统总线为PCI(Peripheral Component Interconnect)系统总线,但由于一般PCI系统总线速率仅为132MB/s(扩展后可达264MB/s),属于微秒量级,采样点精度按照2B计算,1s仅能处理66M(132M)个点,对于100MHz的采样率的数据采集卡,仅能正常地将采集数据直接上传储存,无法进行运算,而此次采用的数据采集卡的采样频率为1.6GHz,一般PCI系统总线仅将数据上传储存都无法完成。因此,总线选择时采用带宽为3GB/s的PXI - Express总线系统。

三、原理样机系统平台

传统数字信号处理系统的实现一般有两种方法:一是采用数字信号处理器(Digital Signal Processer,DSP)芯片,如TI公司的TMS320系列的DSP处理芯片;二是采用固定功能的DSP处理器或ASIC器件。但是,两者都有缺陷,DSP处理器芯片能够插入或移出系统,芯片的可移植性较好,但是处理速度较慢;而固定功能的DSP处理器或ASIC可以有很高的处理速度,但可移植性较差且成本较高。随着数字信号处理技术的不断发展,介于DSP处理芯片和固定功能DSP之间的中间路线技术——基于现场可编辑逻辑门阵列(Field Programmable Gate Array,FPGA)产生了,FPGA能够在集成度、处理速度等方面更加满足数字信号处理的要求,与DSP相比,FPGA优越性主要体现在:

(1) 处理速度高。FPGA具有内置的高速乘法器和高速加法器,特别适合做乘法和累加等重复性工作。

(2) 存储量大。高档FPGA中有巨量高速存储器,这是DSP所没有的,因此FPGA不需要外接存储器,从而速度更快、电路更简单、集成度更大、可靠性更高。

(3) FPGA是可编程硬件。DSP一般需要外部接口和控制芯片协同工作,但FPGA不需要,因而FPGA更加灵活,硬件更加简单且更加小型化。

(4)I/O带宽性能高。FPGA上几乎所有引脚均可供用户使用,数据传输带宽更大。

综上所述,本系统采用FPGA,图7.41为数字化辐射测量分析原理样机的整体外观图,主要包括数据采集模块、FPGA分析模块以及上位机三部分。

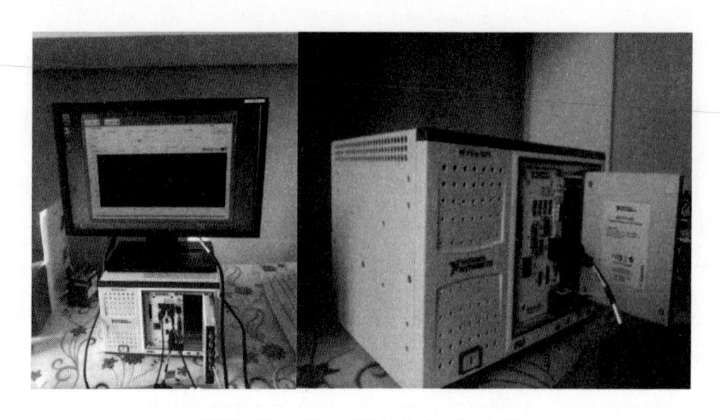

图 7.41　原理样机整体外观图

四、核材料测量分析实验

1. 试验系统

该高速数据采集及测量分析装置包括 6 个 BC501 - A 液体闪烁体(直径 12.7cm,厚度 7.6cm)探测器,数字化辐射测量分析原理样机包括:一个 n/γ 甄别模块 MPD -4(最大四路输入、四路输出,用于性能对比),一个可以精确到 0.1ns、最大 6 通道的时间数字转换器(Time To Digital Convertor,TDC)MCS6A 和一台记录数据和分析用的电脑。测量系统实物图如图 7.42 所示。

图 7.42　测量系统实物图

每个 BC501A 探测器都用一个聚乙烯壳包裹,使其成为约 18cm × 18cm × 14cm 的长方体,便于多个探测器围成一个紧凑的测量空间,也能在一定程度上减少高能中子在一个探测器中产生信号后又进入其他探测器产生另一个信号的可能性(串扰)。探测器围成的样品空间上下都有用聚乙烯制成的底和盖。底和盖的中心部位预留有深约 2cm 的圆孔,可以在主动法测量样品时放置外加的质询中子源。空间中放有能够插入铀棒的铝质支架,其中一共有 64 个孔。铀棒是由 8 个直径 8mm，高 10mm 的圆柱体型的铀块（UO_2，铀的浓缩度有 4.2% 和 10% 两种），具体规格如表 7.6 所列，用普通的打印纸单层包裹而成，为了减少 γ 射线对测量的干扰，在每个探测器前都放有一个 5mm 厚的铅片。

表 7.6　每个铀棒中铀含量

铀样品种类	铀浓度	每个铀棒中总铀质量 ($^{235}U+^{238}U$)/g	每个铀棒中^{235}U的质量/g
UO_2 pellet	4.2%	37.23	1.56
UO_2 pellet	10.0%	38.19	3.82

2. 实验条件

如图 7.42 所示，实验的前端布局是由 6 个探测器组成的探测结构，顺时针分别编号为 1 ~ 6，它们之间是平均分布的，相邻两个探测器之间的夹角为 60°，其中 1 号和 4 号、2 号和 5 号、3 号和 6 号探测器分别对称放置，探测器所包围的空间为一个正六边形（俯视），支架放置在正中央的位置。

实验所用的中子源为^{252}Cf 源，自发裂变率的标称值为$(77.7 \pm 2.7)s^{-1}$（扩展因子 $k=2$，置信度 95%），MPD - 4 选择只输出中子信号。

3. 结果分析

由于^{252}Cf 源的裂变率小，在 1 个扫描周期内的计数很少且时间间隔过大，计算机处理很麻烦，故在数据处理时，以 1024ns 为时间周期，把 1 个扫描周期的计数，全部累加在 0 ~ 1024 区间内，以提高计数，方便分析。

由于条件所限，在实验中认为所用的铀棒数量相同则总铀的质量相等，且形状的差异可忽略。对于相同数量的铀棒来说，只有浓缩度这一项变量；对于相同浓缩度的铀棒来说，只有质量即铀棒数量这一变量。

实验分别对 4 根、8 根、12 根、16 根浓度为 4.2% 和 10.0% 的铀所产生的裂变信号进行了测量，并对称放置的探测器，即 1 号和 4 号、2 号和 5 号、3 号和 6 号，所测得的信号分别进行了时间关联信号的计算。由于实验没有对^{252}Cf 的裂变进行测量，所以只做探测器与探测器之间的时间关联性的研究。

经过分析可以发现，对于相同数量、相同浓缩度的铀棒来说，无论是 1 - 4 通道、2 - 5 通道还是 3 - 6 通道的时间关联信号基本相同，并没有大的区别，对时间关联信号的研究只需要取其中一对来研究即可，下面以 1 ~ 4 通道的信号为例对不同浓缩度、不同质量的铀棒裂变信号进行研究。

图 7.43 和图 7.44 分别为不同质量的浓缩度为 10.0% 和 4.2% 的铀棒时间关联信号。其中，a、b、c、d 分别表示铀棒的数量为 16、12、8、4 根。

从图 7.43、图 7.44 可以看出，浓缩度相同而质量不同的铀所表现出来的时间关联信号不同,且质量越大,关联信号越强。实验结果分析初步表明,通过测量探测器与探测器之间的时间关联信号可以对这两块不同质量的铀进行分辨。

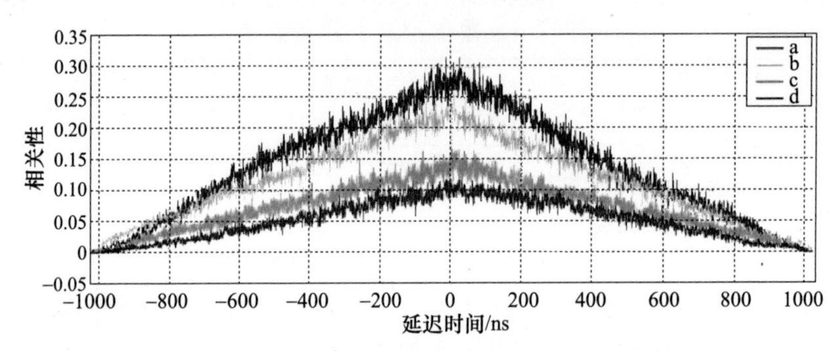

图 7.43　浓缩度为 10.0% 的不同质量铀棒时间关联信号

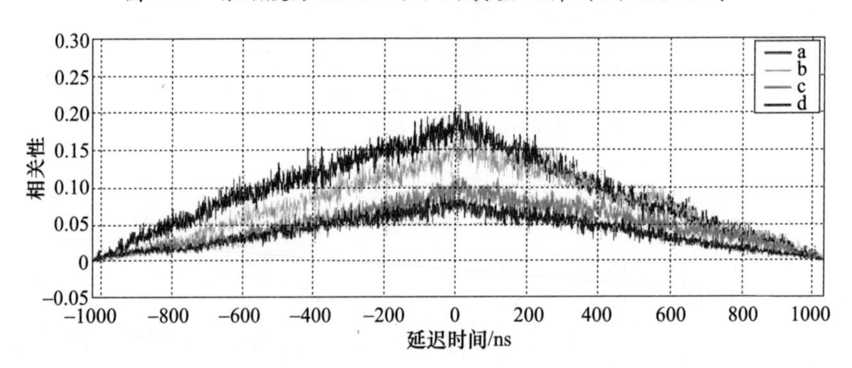

图 7.44　浓缩度为 4.2% 的不同质量铀棒时间关联信号

图 7.45 ~ 图 7.48 显示了对于相同质量的铀棒,浓缩度的变化所带来时间关联信号的不同。a、b 分别表示铀棒的浓缩度为 10.0% 和 4.2% 。

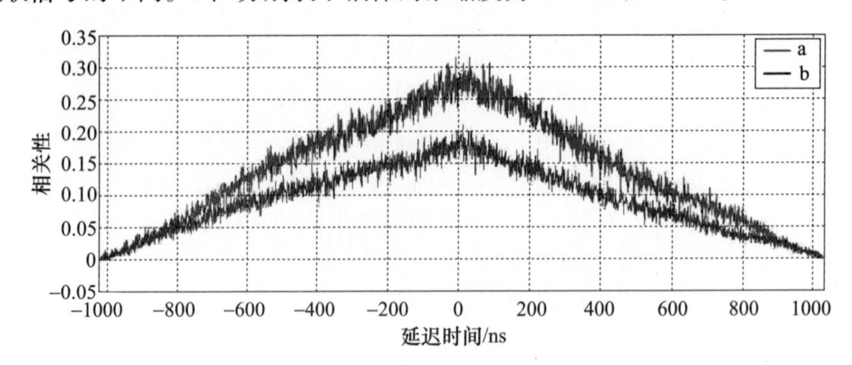

图 7.45　两种不同浓缩度的时间关联信号(16 根铀棒)

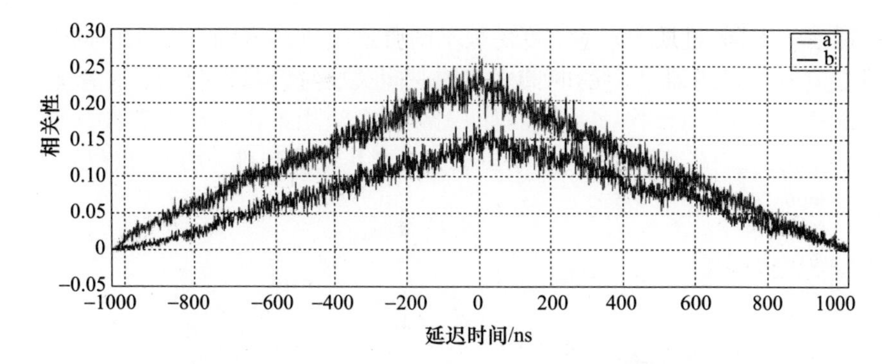

图 7.46　两种不同浓缩度的时间关联信号(12 根铀棒)

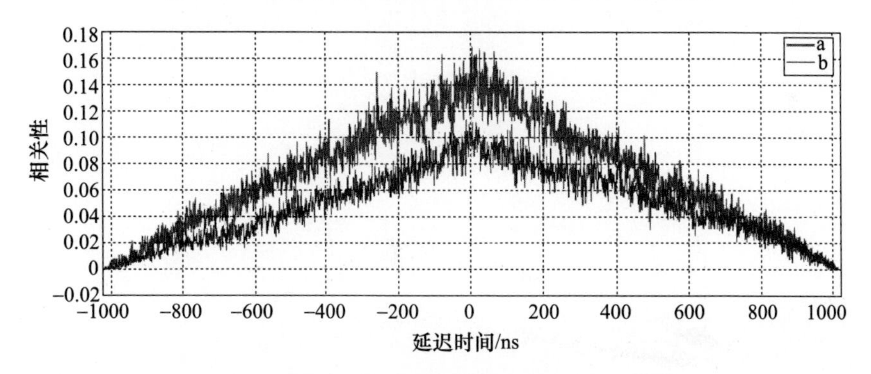

图 7.47　两种不同浓缩度的时间关联信号(8 根铀棒)

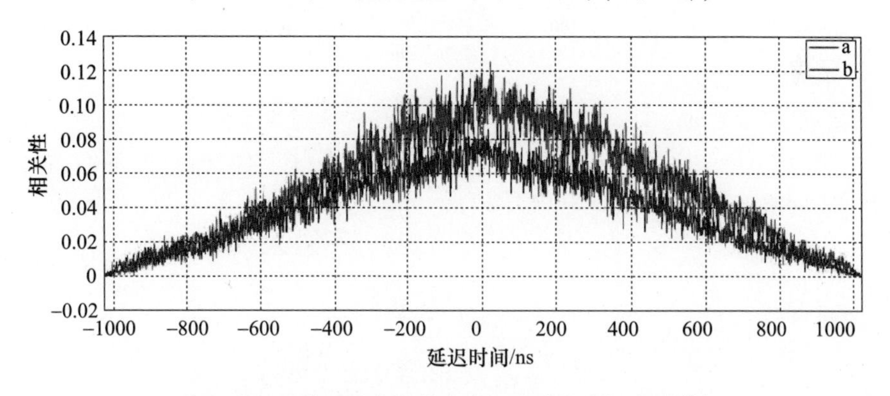

图 7.48　两种不同浓缩度的时间关联信号(4 根铀棒)

从图 7.45 ~ 图 7.48 可以看出,质量相同而浓缩度不同的铀所表现出来的时间关联信号不同,且浓缩度越大,关联信号越强。实验结果分析初步表明,通过测量探测器与探测器之间的时间关联信号可以对这两块不同浓缩度的铀进行分辨。

结果表明,无论是不同浓缩度还是不同质量的铀,探测器之间的时间关联信号都会有所不同,探测器与探测器之间的时间关联符合可以作为一种重要的特征来分辨不同属性的铀棒,这表明时间关联符合法用来作为铀的属性分辨和测量的方法可行、可信,同时也表明了研制的数字化辐射测量分析原理样机达到了设计功能。

参 考 文 献

[1] Basílio Simões J,Carlos M B A. Correia. Pulse processing architectures[J]. Nucl Instr and Meth in Phys Research. A422(1999): 405 -410.

[2] M. Bertolaccini,et al. Optimum processing for amplitude distribution evaluation of a sequence of randomly spaced pulses[J]. Nucl. Inst. and Meth. 61(1968):84 -88.

[3] Vo D T,Russo P A,Sampson T E. Comparisons Between Digital Gamma - Ray Spectrometer(DSPec) and Standard Nuclear Instrumentation Methods(NIM) Systems,LA - 13393 - MS,http://www. ortec - online. com/pdf/losalamospaper. pdf.

[4] 郭之虞,王宇钢. 核技术及其应用的发展[J]. 北京大学学报增刊,2004.

[5] 王芝英. 核电子学技术原理[J]. 北京:原子能出版社,1989.

[6] 郭天太,周晓军,朱根兴. 虚拟仪器概念辨析[J]. 机床与液压,2003,5.

[7] 袁渊,古军,刁友宝,等. 虚拟仪器基础教程[M]. 成都:电子科技大学出版社,2002.

[8] 杨乐平,李海涛,赵勇. LabVIEW 高级程序设计[M]. 北京:清华大学出版社,2003.

[9] Bennett Paul. Virtual vs traditional instruments for VXI test[J]. IEEE:Evaluation Engineering. 1994,33(1).

[10] Rawnsley D J,Hummels D M,Segee B E Virtual instrument bus using network programming[J]. IEEE Instrumention and Measruement Technology Conference,1997.

[11] Djurovic Igor,Standovic Ljubisa,Virtual Instrument for Time - frequency Analysis[J]. IEEE Transactions on Instrumentation and Measurement,1999,12.

[12] Zubillaga - Elorza Femando,Allen Charles R. Virtual Instrument Toolkit:Rapid Prototyping on the Web [J]. IEEE Internet Computing ,1999.

[13] 胡宾鑫. 基于 USB 技术的 γ 谱数据采集系统研究[D]. 成都:成都理工大学. 2003.

[14] 高翔,王勇. 数据融合技术综述[J]. 计算机测量与控制. 2002. 10.

[15] 何友,王国宏. 多传感器信息融合及应用[M]. 北京:电子工业出版社,2000.

[16] Zhang X M,Cassells C J S,Van Genderen J L. Multi - sensor Data Fusion for the Detection of Underground Coal fires[J],Geologie en Mijnbouw 77:117 -127,1999.

[17] 杨进蔚,潘大金,等. 高速核辐射能谱获取系统研制[J]. 核电子学与探测技术,2003.

[18] 袁启兵. 基于单片机的现场多道核能谱数据采集系统研究[D]. 成都:成都理工大学,2003.

[19] 高嵩. 基于嵌入式 PC104 模块的核谱仪系统的研究[D]. 成都:成都理工大学,2004.

[20] 张雄飞. 便携式伽玛谱数据采集系统研究[D]. 成都:成都理工大学,2001.

[21] 吴永鹏. 智能多道谱仪的研制[D]. 成都:成都理工大学,2004.

[22] Koeman H. Discussion on Optimum Filtering in Nuclear Radiation Spectrometers Nucl[J]. Inst. and Meth [J]. 123(1975):161 -167.

[23] Gatti E,Sampietro M. Optimum Filters for Detector Charge Measurements in Presence of 1/f Noise [J].

Nucl. Inst. and Meth. A287(1990):513 -520.

[24] Cosulich E,Gatti F A Digital Processor for Nuclear Spectroscopy with Cryogenic Detectors [J]. Nucl. Inst. and Meth. A321(1992):211 -215.

[25] Tordanov V T et al. Digital Techniques for Real - Time Pulse Shapping in Radiation Measurements [J]. Nucl. Inst. and Meth. A353:(1994):261 -264.

[26] Chrien R E, Sutter R J. Noise and Pileup Suppression by Digital Signal Processing[J]. Nucl. Inst. and Meth. A249:(1986)421 -425.

[27] Jordanov V T,Knoll G F. Digital Pulse - Shape Analyzer Based on Fast Sampling of an Integrated Charge Pulse[J]. IEEE Transactions on Nuclear Science. 1995(42):4.

[28] Ripamonti G,Geraci A. Towards Real - time Digital Pulse Processing Based on Least - mean - squares Algorithms[J]. Nucl. Inst. and Meth. A400(1997):447 -455.

[29] Cosimo Imperiale, Alessio Imperiale. On nuclear spectrometry pulse digital shaping and processing [J]. Nucl. Inst. and Meth. A30(2001):49 -73.

[30] Joao M. Cardoso,Basilio Simoes J,Carlos M B A Correia. Dead - time analysis of digital spectrometers [J]. Nucl. Inst. and Meth,A522(2004):487 -494.

[31] Skulski W, Momayezi M. Particle identification in CsI(Tl) using digital pulse shape analysis [J]. Nucl. Inst. and Meth,A458(2001):759 -771.

[32] Chr. BARGHOLTZ,Fumero E,Martensson L,Wachtmeister S. Digital pulse - shape processing for CdTe detectors[J]. Nucl Instr and Meth in Phys Research. A471(2001):290 -292.

[33] Luigi Bardelli,Giacomo Poggi. Digital - sampling systems in high - resolution and wide dynamic - range energy measurements:Comparison with peak sensing ADCs[J]. Nucl Instr and Meth in Phys Research,A560 (2006):517 -523.

[34] Bingham R D,A Digital Filter for High - Purity Germanium Detector Spectrometry[D]. Dissertation,University of Tennessee,1996.

[35] 朱国钦,布宇. 应用人工神经网络解析自然伽马能谱[J]. 江汉石油学院学报,1999.

[36] 陈泽民,等. 用人工神经网络识别复杂 γ 能谱[J]. 核技术,1996.

[37] 胡纫兰,等. 自联想神经网络算法在 X 射线复合谱分析中的应用[J]. 核电子学与探测技术,1998.

[38] 吴晓颖,等. 现代谱估计技术在 γ 谱分析中的应用[J]. 核电子学与探测技术,1994.

[39] Lan Zhang,Clustering Method to Process Signals from a CdZnTe Detector[J]. Nuclear Science and Technology. 2001,38.

[40] 张软玉,等. 数字化核能谱获取中信号处理方法的研究[J]. 原子能科学技术,2004.

[41] 郭文胜,等. 虚拟仪器在铀氢反应实验中的应用[J]. 核电子学与探测技术,2004.

[42] 薛志华,楼滨乔. 虚拟核仪器——多路定标器[J]. 核电子学与探测技术,2001.

[43] Mag J. Res. The Virtual NMR Spectrometer:a Computer Program for Efficient Simulation of NMR Experiments Involving Pulsed Field Gradients,2000.

[44] Tlaczala W. AVirtual Experiment fore - learning and Teaching Nuclear Techniques[J]. Recent Research Developments in Learning Technologies ,2005.

[45] Joseph J,Grabowski. Teaching Mass Spectrometry via Virtual Instrumentation Combined with Case Studies [D]. University of Pittsburgh,2004.

[46] Mardiyanto mangun panitra. Pusle Shape Analysis on Mixed Beta Partical and Gammaray Source Measured

by CdZnTe Semiconductor Detector by Means of Digital - analog Hybrid Signal Processing System[J]. Nuclear Science and Technology,2001,38.

[47] Sellin P J. Digital pulse shape discrimination appliedto capture - gated neutron detectors[D]. University of Surrey,2003.

[48] Jastaniah S D, Sellin P J, Digital pulse - shape algorithms for scintillation - basedneutron detectors[J], IEEE Trans Nucl Sci 49/4(2002):1824 - 1828.

[49] Jastaniah SD, Sellin P J, Digital techniques for n/g pulse shape discrimination and capture - gated neutron spectroscopy using liquid scintillators, submitted to NIM A[M]. 2003.

[50] Skulski W, Momayezi M, Nucl. Instrum. Methods[A]. A 458(2001):759.

[51] Kornilov N V et al. , Nucl. Instrum. Methods[A]. A 497(2003):467.

[52] Bardelli L et al. , Nucl. Instrum. Methods[A]. A 521(2004):480.

[53] Fukuchi T et al. , CNS Annual Report[R], 2003(2004):88.

[54] Bertalot L, Esposito B. Fast Digitizing Techniques Applied to Scintillation Detectors[C]. 9th Topical Seminar on Innovative Particle and Radiation Detectors, 2004.

[55] Keyser, Ronald M. Improved Performance in Germanium Detector Gamma Spectrometers based on Digital Signal Processing[J]. ORTEC, 2005.

[56] Mardiyanto mangun panitra. Energy Spectrum Improvement for CdZnTe Semiconductor Detector Based on Euclidian Distance with Digital - analog Hybrid Signal Processing System[J]. Nuclear Science and Technology, 2001, 38.

[57] Kai Vetter, I - Yang Lee, Report of Workshop on Digital Electronics for Nuclear Structure Physics [R]. 2001.

[58] Baba H, Fukuchi T, Study of Digital Pulse Shape Analysis for NaI(Tl) Scintillator[J]. Center for Nuclear Study, 2004.

[59] 张软玉,陈世国,罗小兵,等. 数字化核能谱获取中信号处理方法的研究[J]. 原子能科学技术,2004,38(3):252 - 255.

[60] 肖无云,魏义祥,艾宪芸. 多道脉冲幅度分析中的数字基线估计方法[J]. 核电子学与探测技术,2005,25(6):601 - 604.

[61] 蔡跃荣,陈满,刘国华,等. 基于 DSP 的核信号波形数字化获取与处理系统设计[J]. 核电子学与探测技术,2006,26(4):7,462 - 465.

[62] 陈宇,王子敬,毛泽普,等. 电荷比较法测量液体闪烁体 n、γ 甄别性能[J]. 高能物理与核物理,1999,22(7):616 - 621.

[63] 单卿,贾文宝. 用于脉冲 n/γ 甄别的新型探测器的研究[J]. 原子能科学技术,2012,46:552 - 555.

[64] 陈亮. 核素识别算法集数字化能谱采集系统研究[D]. 北京:清华大学,2009.

[65] 杨洪琼,朱学彬,杨高照,等. 用于 n、γ 混合场的新型脉冲中子探测器[J]. 物理学报,2004,53(10):3321 - 3325.

[66] 曹宏睿,吴军. 基于 TDC - GP1 测量前沿时间实现 n - γ 脉冲甄别器[J]. 核电子学与探测技术,2013,33(2):158 - 161.

[67] 王琳,庹先国. 基于 FPGA 的高速核信号采集系统设计[J]. 核电子学与探测技术,2012,32(7):834 - 838.

[68] 汪晓莲,李澄,邵明,等. 粒子探测技术[M]. 合肥:中国科技大学出版社,2008.

[69] Marrones S, Cano – ott D, et al. Pulse shape analysis of liquid scintillators for neutron studies [J]. Nucl. Instr. and Method A,2002,490(5):299 – 307.
[70] Soderstrom P A, Nybergj. Woltersr. Digital pulse – shape discrimination of fast neutrons and γ rays [J]. Nucl. Instr. and Method A,2008,594(5):79 – 89.
[71] 袁永刚,雷家荣,白立新. 基于 DP310 采集卡的数字化 n – γ 甄别[J]. 原子能科学技术,2010,44(6):735 – 739.
[72] Nakhostin M, Walker P M. Application of digital zero – crossing technique for neutron – gamma discrimination in liquid organic scintillation detectors[J]. Nucl. Instr. and Method A,2010(621):498 – 501.
[73] Liddick S N, Darby I G. Algorithms for pulse shape analysis using silicon detectors[J]. Nucl. Instr. and Method A,2012(669):70 – 78.
[74] Bellocchi S. Neutron – γ Pulse Shape Discrimination with NE213 Liquid Scintillator:Comparison of Different Sampling Rate/Bit Resolution Digital Acquisition Systems Datasets[D]. Oxfordshire(UK):Nuclear Fusion EFDA – JET Laboratory,2012.
[75] Wong J, Bildstein V, et al. The DEuterated SCintillator Array for Neutron Tagging A neutron tagging array for TRIUMF – ISAC[C]. EPJ Web of Conferences 66,11040,2014.
[76] Natalia Zaitseva, et al. Plastic scintillators with efficient neutron/gamma pulse shape discrimination [J]. Nucl. Instr. and Method A,2012(668):88 – 93.
[77] Favalli A, Iliev M L, et al. Pulse Shape Discrimination Properties of Neutron – Sensitive Organic Scintillators [J]. IEEE Transactions on Nuclear Science,2013,60(2):1503 – 1506.
[78] 郑文明. 基于 FPGA 的数字信号处理算法研究与高效实现[D]. 哈尔滨:哈尔滨工程大学,2009.
[79] 晏伯武,田嵩. EDA 技术及其教学相关问题的讨论[J]. 黄石理工学院学报,2010,26(1):63 – 67.
[80] 李彬. FIR 数字滤波器的 FPGA 实现技术研究[D]. 成都:西南交通大学,2007.
[81] 庞育才. TACAN 信号处理仿真分析及硬件系统方案设计[D]. 哈尔滨:哈尔滨工程大学,2012.
[82] D'Mellow B, Aspinall M D, et al. Digital discrimination of neutrons and γ – rays in liquid scintillators using pulse gradient analysis[J]. Nucl. Instr. and Meth. Phys. Res. A,2007(578):191 – 196.
[83] Gamage K A A, Joyce M J, Hawkes N P. A comparison of four different digital algorithms for pulse – shape discrimination in fast scintillators[J]. Nucl. Instr. and Meth. Phys. Res. A,2011(642):78 – 83.
[84] Yousefi S, Lucchese L, Aspinall M D. Digital discrimination of neutrons and gamma – rays in liquid scintillators using wavelets[J]. Nucl. Instr. and Meth. Phys. Res. A,2009(598):551 – 555.
[85] Luo X L, et al. Neutron/gamma discrimination employing the power spectrum analysis of the signal from the liquid scintillator BC501A[J]. Nucl. Instr. and Meth. Phys. Res. A 2013(717):44 – 50.
[86] Liu G, Aspinall M D. An investigation of the digital discrimination of neutron and γ rays with organic scintillation detectors using an artificial neural network [J]. Nucl. Instr. and Meth. Phys. Res. A, 2009 (607): 620 – 628.
[87] Cao Z, Miller L F, Buckner M. Implementation of dynamic bias for neutron – photon pulse shape discrimination by using neural network classifiers[J]. Nucl. Instr. and Meth. Phys. Res. A,1998(416):438 – 445.
[88] Esposoto B. Neural neutron/gamma discrimination in organic scintillators for fusion applications[C]MIEEE International Joint Conference on Neural Networks. Dalian,2004(2):931 – 936.
[89] Kornilov N V, et al. Neutron spectroscopy with fast waveform digitizer[J]. Nucl. Instr. and Meth. Phys. Res. A,2003(497):467 – 478.

[90] 罗晓亮,刘国富,杨俊. 基于模糊 c 均值聚类液体闪烁探测器 n-γ 射线甄别方法[J]. 原子能科学技术,2011,45(6):732-740.

[91] Koeman H. Filtering of signal obtained from semiconductor radiation detectors[D]. Eindhoven, Netherlands: Philips Research Lab,1973.

[92] Pu11ia A, et al. Quasi-optimum gamma and X spectroscopy based on real-time digital techniques [J]. Nucl. Instr. and Meth. Phys. Res. A,2000(439):378-383.

[93] 敖奇. 新型数字化多道采集系统的研究[D]. 北京:清华大学,2008.

[94] 肖无云,魏义祥. 谱仪技术研究的新进展[C]. 全国第五届核仪器及其应用学术会议论文集,2005,11:61-64.

[95] 肖无云,魏义祥. 数字化多道脉冲幅度分析中的梯形成形算法[J]. 清华大学学报(自然科学版),2005,6:810-812.

[96] 覃章健. 基于 FPGA 的便携式数字核谱仪研制[D]. 成都:成都理工大学,2008.

[97] 王敏. 数字核能谱测量系统中滤波与成形技术研究[D]. 成都:成都理工大学,2011.

[98] 张软玉. 数字化核能谱获取系统的研究[D]. 成都:四川大学,2006.

[99] 陈世国. 数字核仪器系统中高斯成形滤波的设计与实现[D]. 成都:四川大学,2005.

[100] 孙宇. 数字化多道的设计与实现[D]. 北京:清华大学,2009.

[101] 邹伟. 基于 FPGA 的数字化多道脉冲幅度分析器的研制[D]. 成都:成都理工大学,2012.

[102] 张怀强. 数字核谱仪系统中关键技术研究[D]. 成都:成都理工大学,2011.

[103] 刘良. 基于 CPLD 的低功耗数字化伽玛能谱仪的研制[D]. 成都:成都理工大学,2011.

[104] 冯毅思. 基于 FPGA 和 MATLAB 的 FIR 滤波器的研究与设计[D]. 长春:长春工业大学,2011.

[105] 邱晓林,弟宇鸣,许鹏,等. 基于脉冲波形采样技术的核辐射多参数测量系统[J]. 核技术,2007,30(9):785-788.

[106] 马文彦,吴创新,左光霞. 核辐射探测实验[D]. 西安:第二炮兵工程大学,2008.

[107] 汪蓉鑫. 数理统计[M]. 西安:西安交通大学出版社,1986.

[108] 庞巨丰. γ能谱数据分析[M]. 西安:陕西科学技术出版社,1990.

[109] 李强,江虹,伍晓利. 基于数字微分滤波与降噪分析的核信号脉冲检测[J]. 核电子学与探测技术,2013,33(1):74-78.

[110] 李庆华. 基于小波阈值算法的信号去噪研究[D]. 新疆:新疆大学,2013.

[111] 王婷. EMD 算法研究及其在信号去噪中的应用[D]. 哈尔滨:哈尔滨工程大学,2010.

[112] 李秀玲. 图像除噪进化滤波器的设计[D]. 合肥:中国科学技术大学,2009.

[113] Yang Yong. Research on the Choice of Wavelet Bases in Wavelet Image Compression Coding[J]. Science Technology Engineering,2011,11(10):2747-2750.

[114] 杨祎罡,王汝赡. 利用小波滤波方法对 γ 能谱进行处理[J]. 核技术,2002,25(4):241-246.

[115] 肖刚,邱晓林. 低水平放射性 γ 能谱数据平滑的非线性小波方法[J]. 核技术,2001,24(2):85-88.

[116] A. Phinyomark, et al. A comparative study of wavelet de-noising for multifunction myoelectric control [C], International Conference on computer and Automation Engineering(ICCAE, IEEE). Bangkok, Thailand:2009,21-25.

[117] Wu Zhaohua., N. E. Huang. A study of the characteristics of white noise using the empirical mode decomposition method[J]. Mathematical Physical and Engineering Sciences,2004,460(2046):1597-1611.

[118] 杨世锡,胡劲松,吴昭同,等. 基于高次样条插值的经验模态分解方法研究[J]. 浙江大学学报(工学版). 2004,38(3):267 - 270.
[119] 邓拥军. EMD 方法的改进[D]. 青岛:青岛海洋大学,2000.
[120] 胡广书. 数字信号处理[M]. 北京:清华大学出版社,1997.
[121] 李彬. FIR 数字滤波器的 FPGA 实现技术研究[D]. 成都:西南交通大学,2004.
[122] 许鹏,弟宇鸣,邱晓林. γ 辐射数字化测量与分析技术研究. 核电子学与探测技术,2007,27(2):234 - 270.
[123] 弟宇鸣,邱晓林,许鹏,等. 数字化辐射脉冲峰值获取研究[J]. 原子能科学技术,2008,42(4):370 - 372.
[124] Chen Y H,Chen X M,Zhang X D,et al. Study of n - γ discrimination in low energy range(above 40 keV) by charge comparison method with a BC501A liquid scintillation detector[J]. Chinese Physics C(HEP & NP),2014,38(3):036001.
[125] Acciarri R,Canci N,Cavanna F,et al. Neutron to Gamma Pulse Shape Discrimination in Liquid Argon Detectors with High Quantum Efficiency Photomultiplier Tubes [J]. Physics Procedia, 2012 (37):1113 - 1121.
[126] Favalli A,Iliev M L,Chung K,et al. Pulse Shape Discrimination Properties of Neutron - Sensitive Organic Scintillators[J]. IEEE TRANSACTIONS ON NUCLEAR SCIENCE,2013,60(2):1053 - 1056.
[127] Yuan Y G,Lei J R,Bai X L. Digital Pulse Shape Discrimination Using DP310 Waveform Digitizer [J]. Atomic Energy Science and Technology,2010,44(6):735 - 739.
[128] Sderström P A,Nyberg J,Wolters R. Digital pulse - shape discrimination of fast neutrons and rays[J]. [nucl - ex]2008 May 6,arXiv:0805. 0692v1.
[129] GamageA A K,Joyce J M,Hawkes P N. A comparison of four different digital algorithms for pulse - shape discrimination in fast scintillators[J]. Nucl. Instr. and Meth. Phys. Res. A,2011(642):78 - 83.
[130] 张莉. 几类神经网络的分析与优化及其应用[D]. 西安:西安电子科技大学,2012.
[131] 李霞. 基于连续小波变换的水下信号处理技术研究[D]. 西安:西北工业大学,2003.
[132] 罗晓亮. 基于模糊聚类分析的中子与 γ 射线甄别方法研究[D]. 长沙:国防科学技术大学,2010.
[133] Valdemar Rørbech,Processing and classification of hydroacoustic signals for nuclear test - ban - treaty verification[D]. University of Copenhagen,2011.
[134] 罗晓亮,刘国富. 基于功率谱梯度分析的 n - γ 甄别方法研究[J]. 原子能科学技术,2013,47(8),1405 - 1410.
[135] Chen Y,Wang Z J. Charge Comparison Method Used to Discriminate Photons and Neutrons in Liquid Scinitillators[J]. HIGH ENERGY PHYSICS AND NUCLEAR PHYSICS,1999,23(7):616 - 621.
[136] 居余马. 线性代数[M]. 北京:清华大学出版社,2002.
[137] Wang L,Duan H C. Ostu method in multi - threshold image segmentation[J]. Computer Engineering and Design,2008,11,140 - 141.
[138] Yan Jie,Liu Rong,et al. A comparison of n - γ discrimination by the rise - time and zero - crossing methods[J]. SCIENCE CHINA(Physics,Mechanics & Astronomy),2010,53(8):1453 - 1459.
[139] Andreas Ruben,Timothy E,et al. A New Four Channel Pulse Shape Discriminator[Z]. MPD4 - NSS - MIC07_N15 - 273.
[140] 程佩青. 数字信号处理[M]. 北京:清华大学出版社,2007.

[141] Chris Wyman, et al. Simple Analytic Approximations to the CIE XYZ Color Matching Functions [J]. Journal of Computer Graphics Techniques, 2013, 2(2): 118 – 122.

[142] 李弼程. 模式识别原理及应用[M]. 西安:西安电子科技大学出版社,2008.

[143] 彭玉华. 小波变换与工程应用[M]. 北京:科学出版社,1999.

[144] 刘涛,曾祥利. 实用小波分析入门[M]. 北京:国防工业出版社,2006.

[145] 张德丰. MATLAB 小波分析[M]. 北京:机械工业出版社,2009.

[146] R. Acciarri, N. Canci, et al. Neutron to Gamma Pulse Shape Discrimination in Liquid Argon Detectors with High Quantum Efficiency Photomultiplier Tubes[J]. Physics Procedia 2012(37): 1113 – 1121.

[147] P. – A. Söderström, J. Nyberg, R. Wolter. Digital pulse – shape discrimination of fast neutrons and rays [J]. arXiv, 0805. 0692v1 [nucl – ex]: 3 – 6.

[148] F. D. Brooks, A scintillation counter with neutron and gamma – ray discriminators [J]. Nucl. Instrum. Methods, 1959, 4(3): 151 – 163.

[149] http://en. wikipedia. org/wiki/Electric_current.

[150] Alexander T K, Goulding F S. An amplitude – insensitive system that distinguishes pulses of different shapes[J]. Nucl. Instrum. Methods, 1961, 13(8): 244 – 246.

[151] Kornilov N V, Khriatchkov V A et al. Neutron spectroscopy with fast waveform digitizer [J]. Nucl. Instrum. Methods Phys. Res. A, 2003, 497(23): 467 – 478.

[152] Sénoville M, Achouri N L, et al. Development of a New Neutron Time – of – Flight Array for β – decay Studies[R]. France: Universidade de Santiago de Compostela, April, 2013.

[153] Bayat E, Divani – Vais N, et al. A comparative study on neutron – gamma discrimination with NE213 and UGLLT scintillators using zero – crossing method [J]. Radiation Physics and Chemistry, 2012 (81): 217 – 220.

[154] Savran D, Loher B, Miklavec M, et al. Pulses shape classification in liquid scintillators using the fuzzy c – mean algorithm[J]. Nucl. Instrum. MethodsA, 2010, 624: 675 – 683

[155] Guofu Liu, Malcolm J, Joyce, et al. A Digital Method for the Discrimination of Neutrons and γ Rays with Organic Scintillation Detectors Using Frequency Gradient Analysis[J]. IEEE TRANSACTIONS ON NUCLEAR SCIENCE, 2010, 51(3): 1682 – 1691.

[156] 孔志周. 多分类器系统信息融合方法研究[D]. 长沙:中南大学,2011.

[157] Ali K M, Pazzani. M. J. On the link between error correlation and error reduction in decision tree ensembles [R]. Technical report, ICS – UCI, 1995, 95 – 38.

[158] 祝志博. 融合聚类分析的故障检测和分类研究[D]. 杭州:浙江大学,2012.

[159] 陈冰. 多分类器集成算法研究[D]. 济南:山东师范大学,2009.

[160] Siavash Yousefi. Digital Pulse Shape Discrimination Methods for Triple – Layer Phoswich Detectors Using Wavelets and Fuzzy Logic[D]. USA: Oregon State University, 2009.

[161] Magdalena L, Velasco J R. Fuzzy Rule – Based Controllers that Learn by Evolving their Knowledge Base [M]. Genetic Algorithms and Soft Computing, 1996.

[162] Fisher A. The use of multiple measurements in taxonomic problems[J]. Annals of Eugenics, 1936, 7(2): 179 – 188.

[163] 辛芳芳. 基于 Fisher 分类器和计算智能的遥感图像突变检测[D]. 西安:西安电子科技大学,2011.

[164] 杜世强. 基于 Fisher 判别的人脸识别方法研究[D]. 西安:陕西师范大学,2007.

[165] 胡丹丹,李万民．基于 Fisher 准则的多铆钉线聚类融合识别算法[J]．计算机应用,2010,30(4):953－959.
[166] 林伟．基于核主成分分析和核 Fisher 判别[D]．上海:华东理工大学,2012.
[167] 常甜甜．支持向量学习算法若干问题的研究[D]．西安:西安电子科技大学,2010.
[168] 刘宏兵．多目标粒度支持向量机及其应用研究[D]．武汉:武汉理工大学,2011.
[169] Vapnik V. Statistieal Learning Theory[M]. New York Wiley,1998.
[170] 平源．基于支持向量机的聚类及文本分类研究[D]．北京:北京邮电大学,2012.
[171] 刘瑞涛．基于支持向量机分类树[D]．长沙:华中科技大学,2012.
[172] 阳庆．基于支持向量机的高光谱图像分类方法研究[D]．郑州:解放军信息工程大学,2009.
[173] 孙德山．支持向量机分类与回归方法研究[D]．长沙:中南大学,2004.
[174] 罗畏．GIS 与投影寻踪模型在水质评价中的应用[D]．长沙:中南大学,2011.
[175] 陆鹏．投影寻踪模型在文本聚类算法中的应用研究[D]．上海:上海海事大学,2007.
[176] 冯静．基于免疫克隆的投影寻踪聚类算法及其应用[D]．西安:西安电子科技大学,2010.
[177] 张群．改进粒子群优化算法在投影寻踪聚类中的应用[D]．西安:陕西师范大学,2010.
[178] Uwe Meyer－Baese. 数字信号处理的 FPGA 实现[M]．刘凌,胡永生,译．北京:清华大学出版社,2002.
[179] 蔡可红．基于 FPGA 的 FFT 设计与实现[D]．南京:南京理工大学,2006.
[180] 曾伟．自适应滤波算法及其 FPGA 仿真[D]．南昌:南昌航空大学,2011.
[181] 王振华．基于 FPGA 的超高速数据采集系统的开发[D]．北京:清华大学,2006.
[182] MELLOW B D. Digital processing in neutron spectrometry[D]. Lancaster,UK:Lancaster University,2006.
[183] 高嵩．基于 FPGA 的多道脉冲幅度分析器研究[D]．哈尔滨:哈尔滨工程大学,2012.
[184] 汪东雷．基于 FPGA 的多模式信号源的研究与实现[D]．长沙:国防科学技术大学,2010.
[185] 杜垚垚．PET 系统中数字化精确定时的设计与实现[D]．成都:成都理工大学,2012.
[186] 钟观水．基于 FPGA 的高速数据采集卡系统设计[D]．南京:南京大学,2013.
[187] 耿昕．基于 FPGA 的通信信号处理的设计与实现[D]．南京:南京大学,2013.
[188] Aspinall M D,Mellow B D,et al. The empirical characterization of organic liquid scintillation detectors by the normalized average of digitized pulse shapes[J]. Nucl. Instr. and Meth. Phys. Res. A,2007,578(5):261－266.
[189] 丁李利．基于电路级仿真方法的 SRAM 型 FPGA 总剂量效应研究[D]．北京:清华大学,2012.
[190] Cavallaro M,Tropea S,et al. Pulse－shape discrimination in NE213 liquid scintillator detectors [J]. Nucl. Instr. and Meth. Phys. Res. A,2013(700):65－69.